WHAT'S THE POINT OF PHILOSOPHY

超級有趣的哲學問題

英國 DK 出版社 編著 寧建 譯

責任編輯： 林雪伶
裝幀設計： 趙穎珊
排　　版： 肖　霞
印　　務： 龍寶祺

Original Title: *What's the Point of Philosophy*
Copyright © Dorling Kindersley Limited, 2022
A Penguin Random House Company

本書中文繁體版由 DK 授權出版。
本書中文譯文由北京酷酷咪文化發展有限公司授權使用。

超級有趣的哲學問題

編　　著： 英國 DK 出版社
譯　　者： 寧　建
出　　版： 商務印書館（香港）有限公司
　　　　　 香港筲箕灣耀興道 3 號東滙廣場 8 樓
　　　　　 http://www.commercialpress.com.hk
發　　行： 香港聯合書刊物流有限公司
　　　　　 香港新界荃灣德士古道 220-248 號荃灣工業中心 16 樓
印　　刷： 金宣發實業（香港）有限公司
　　　　　 九龍鴻圖道 31 號鴻貿中心 7 樓 1 室
版　　次： 2024 年 1 月第 1 版第 1 次印刷
　　　　　 © 2024 商務印書館（香港）有限公司
　　　　　 ISBN 978 962 07 0628 8
　　　　　 Published in Hong Kong, SAR. Printed in China.

For the curious
www.dk.com

WHAT'S THE POINT OF PHILOSOPHY

超級有趣的哲學問題

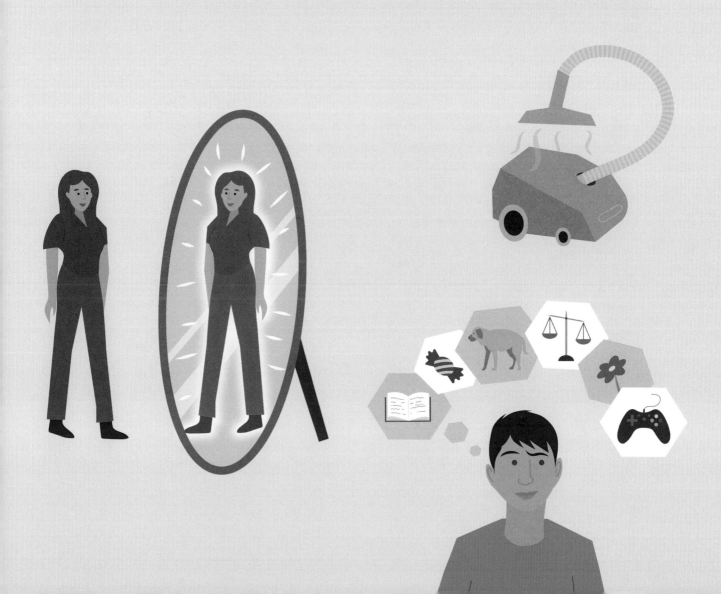

目錄

6　　哲學有甚麼用？

8　　思考「存在」有甚麼用？

10　　可以存在的最小的物質是甚麼？

12　　「無」是否存在？

14　　甚麼是真實的？

16　　你能兩次踏進同一條河流嗎？

18　　是新的還是像新的一樣？

20　　為甚麼我是我？

24　　我們能穿越時間嗎？

26　　我為甚麼存在？

28　　上帝存在嗎？

32　　為甚麼存在苦難？

34　　思考「知識」有甚麼用？

36　　我相信還是我知道？

38　　甚麼是我確定知道的？

40　　我如何知道我不是在做夢？

42　　我有可能只是實驗室中的腦袋嗎？

44　　一把椅子甚麼時候不再是椅子？

46　　我們是如何學習的？

50　　經驗能告訴我甚麼？

52　　信念必須是真的嗎？

54　　科學總是正確的嗎？

58　思考「對與錯」有甚麼用？

60　如何分辨對與錯？

62　說謊有可能是對的嗎？

64　我應該做好事嗎？

66　是否只要目的正當，就可以不擇手
　　段嗎？

70　甚麼是幸福？

74　做不快樂的人，還是做快樂的豬？

78　我是自由的嗎？

80　我是一名快樂的囚徒嗎？

82　我應該被允許說任何想說的話嗎？

84　思考「平等」有甚麼用？

86　我們應該如何對待他人？

90　誰應該擁有權力？

92　我們應該讓事情變得公平嗎？

94　我應該做慈善捐贈嗎？

96　我們應該平等地對待動物嗎？

100　為甚麼環境很重要？

102　思考「思考」有甚麼用？

104　甚麼是心靈？

106　我的心靈在哪裏？

108　我能知道你在想甚麼嗎？

110　機器能思考嗎？

114　文字的意義是甚麼？

116　甚麼是好論證？

120　歷史上的哲學家

126　詞彙表

128　索引

公元是「公曆紀元」的簡稱，是國際通行的紀年體系。公曆紀元以傳說中耶穌基督的生年為公曆元年，相當於中國西漢平帝元年。如果事件的確切年份未知，則在年份前面加「約」，表示年份是近似的。

哲學有甚麼用？

哲學的樂趣在於提問，但是並不執着於一定要得到答案！很多人都發自內心地喜歡哲學，而哲學也是一個非常有用的工具，它可以幫助人們清晰地思考，發揮想像力，並且將自己的想法告訴他人。

審視世界

科學無法完全解答我們對周圍的世界提出的疑問，例如，我們身處的世界是真實的嗎？我們為甚麼會在這裏？儘管哲學並沒有對這些疑問給出明確的答案，但是哲學在這些問題的討論中，讓我們了解這個世界以及我們在其中的位置。

解決問題

哲學的發展最先是為了解決生活中的根本問題。早期的哲學家將每個問題分解，找到問題的核心，然後探索各種答案。你也可以用這種方法來解決你的問題。

思考更清晰

哲學論證是基於清晰的邏輯推理。學習哲學並且與他人討論是對頭腦的良好鍛煉，可以幫助你整理對某個問題的想法，使你能夠更有條理地思考問題。

形成觀念

對各種觀念進行研究可以幫助你形成自己的觀念。哲學家通過發展他們的思維能力，於是能夠在面對新情況時更好地整合新觀念，也能夠在面對艱巨的挑戰時更富有創意。

決定甚麼是對的

哲學有很多領域都致力於探索對與錯以及我們應該如何對待他人。哲學家還討論我們應該如何對待動物和地球。

挑戰假設

很多人在沒有質疑自己的信念的情況下度過了一生。他們一般會在沒有證據下假設某些事物是真的，如果你學習哲學，你就可以學會如何識別和挑戰這些假設，無論這些假設是別人所相信的還是你自己所相信的。

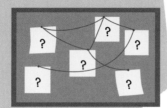

獨立思考

能夠獨立思考是一個重要的能力。哲學史上有很多人持有與當時其他人的觀念背道而馳的想法，也有很多人一開始就以完全不同的方式思考某些事物。

審視自己的觀點

研究他人的觀點可以幫助你批判性地審視自己的觀點。通過研究哲學家對某個問題的各種看法，你可以審視自己的思維方式，甚至可能最終改變自己的觀點。

看問題的正反兩方面

儘管哲學家可能持不同的觀點，但是作為一個整體，哲學更關心的是提出各種各樣的觀點。通過研究這些觀點，你可以比較它們的差異，甚至學會識別它們之間隱藏的相似之處。

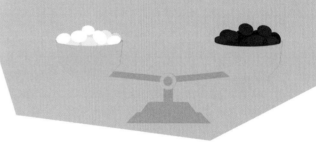

展示論證

學習哲學可以幫助你更有說服力地向他人展示你的論證，同時你也會更容易識別其他人提出的錯誤論證。

評估信息

哲學教導我們不要不加思索地接受呈現給我們的想法和信息，而是必須檢驗它們，看它們是否包含強有力的論證，是否隱含着偏見。

檢驗你的想法

做實驗的不僅僅是科學家，哲學家也做實驗。哲學家用虛構的實驗來檢驗他們的想法，然後思考這些實驗所產生的可能結果。這些實驗被稱為「思想實驗」，你可以在本書中找到很多例子。

思考「存在」有甚麼用？

古代哲學家最早提出的一些問題是關於存在的，包括宇宙是由甚麼構成的？我們在其中的位置是甚麼？他們的思想奠定了現代物理學、化學和生物學的基礎，並且促成了很多發現，例如原子的存在。思考我們的存在可以幫助我們找到生活的目的，而且更容易理解和接受他人的想法。

可以存在的**最小的物質**是甚麼？

　　你可能知道有些物質很小，小到只有在顯微鏡下才能看到。科學家甚至發現了更小的物質，例如需要用特殊設備才能探測到的粒子。但是，是否有些粒子小到不能被分割？我們可否將物質無限地分割下去，而永遠也得不到不可再分割的最小粒子？

1 如果你無限地分割一粒沙子，你能把它分割成多小？這是哲學中最早爭論的問題之一。有兩位古希臘思想家對這個問題持相反的觀點。

2 德謨克利特認為，沙粒被分割到最後將無法被繼續分割。他稱最後的不可被分割的物質微粒為「原子」，認為這些原子組合在一起構成了宇宙中的一切。

德謨克利特認為原子是堅硬的，而且是不可被分割的。

真實世界

原 子

　　今天的科學家知道，所有物質都是由原子構成的，而且原子還可以被分成更小的粒子，因此與德謨克利特認為的原子性質不同。

- 如果一個物體不斷地變小,它最終會小到不存在嗎?
- 你認為宇宙中的一切都是由一種東西構成的,還是由多種東西構成的?為甚麼?

亞里士多德認為,我們可以將物質無限地分割下去。

3 亞里士多德不同意德謨克利特的觀點,而是認為沙粒可以被無限地分割下去。他不相信原子的存在。在近兩千年的時間內,人們普遍願意相信亞里士多德的觀點。

宇宙的基本單元

許多古希臘哲學家都想找到構成宇宙萬物的基本單元。哲學家稱這種可能存在的物質為基本元素。古希臘人對基本元素可能是甚麼有很多不同的說法,包括水和火。

古希臘思想家泰勒斯認為水是基本元素。

四元素說

古希臘哲學家恩培多克勒認為,宇宙是由四種基本元素混合構成的:火、土、氣和水。它們可以被一種稱之為「愛」的作用結合在一起,也可以被一種他稱之為「鬥爭」的作用分離開。

氣

火

水

土

「無」是否存在？

我們所說的「有」和「無」是甚麼意思呢？我們可以將「有」定義為存在的事物。當我們思考「有」的時候，我們可能會想到家人和朋友，也可能會想到我們最喜歡的玩具、書籍和電子遊戲。但是當我們思考「無」的時候，我們會想到甚麼呢？我們會想到空曠的空間還是黑暗？「無」的定義究竟是甚麼？很多哲學家懷疑「無」是否根本不存在。

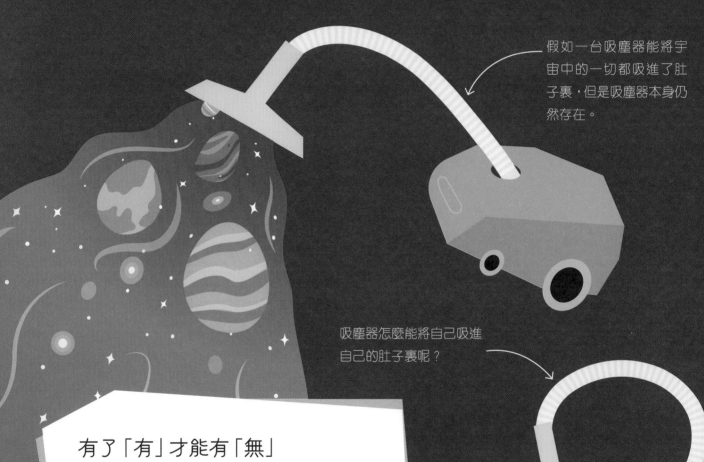

假如一台吸塵器能將宇宙中的一切都吸進了肚子裏，但是吸塵器本身仍然存在。

吸塵器怎麼能將自己吸進自己的肚子裏呢？

有了「有」才能有「無」

20 世紀的美國思想家羅伯特・諾齊克認為，只有當存在一個能夠造成「無」的東西時，「無」才能存在。他想像有一台巨大的吸塵器吸盡了宇宙中的一切，直到吸塵器成為唯一剩下的東西。此時，為了造成「無」，吸塵器必須將自己吸盡。

「無」也是「有」

二十世紀初，法國哲學家亨利·柏格森認為，「無」不存在，這是因為即使在一片空曠的空間中，我們仍然能感覺到「有」。如果一位宇航員漂浮在太空中，他會看到黑暗，而黑暗仍然是「有」，所以「無」是不可能存在的。

不要想大象！

古希臘思想家巴門尼德也認為「無」是不存在的。他說，我們不可能想「無」，這是因為一想「無」就會把它變成「有」。如果有人對你說「不要想大象！」，你會發現你不可能不去想大象。

0

數字 0 是「無」的符號，但是幾個世紀以來，古代哲學家在「無」的概念上的苦思冥想阻止了數字的發展，減緩了數學的進步。公元七世紀，當哲學家和數學家接受了印度的「無」的概念後，數字 0 才有可能出現。

獨角獸是否存在？

巴門尼德認為，「無生無」，意思是「不存在的東西」不能產生「存在的東西」。只存在「存在的東西」，不存在「不存在的東西」。存在的東西是不可能不存在的，而不存在的東西不可能突然變成存在的。所以一切都一定存在，而且一定永遠存在。即使獨角獸不是真實的生物，它們仍然作為概念存在於我們的意識中。

甚麼是真實的？

這個問題可能聽起來很奇怪。畢竟，當我們環顧四周時，一切似乎都足夠真實，不是嗎？但是關於世界本質的爭論將哲學分成了唯物主義和唯心主義。唯物主義認為一切都是由物質構成的，而唯心主義則認為我們的意識創造並且決定了物質。

機械宇宙

十七世紀的英國哲學家托馬斯・霍布斯是一位唯物主義者，他相信，宇宙中的一切，無論是行星還是人類，都可以用物體的運動和相互作用來解釋。他認為，宇宙中的一切就像機器一樣工作。

順世論

順世論是一個古老的印度哲學學派，始於公元前 6 世紀。它認為，唯有可以被感知到的東西才是真實存在的。例如，宴會上的美味食物是真實存在的，這是因為食客可以看到、聞到和品嘗到這些食物。

現實只存在於意識中

十八世紀，一位名叫喬治・貝克萊的愛爾蘭哲學家提出了一個唯心主義理論，認為世界僅由可以被我們的意識和感官感知到的東西構成。但是這導致了一個問題：沒有被人感知到的東西是否會繼續存在。

這塊石頭是真實的，還只是塞繆爾・約翰遜的意念？

1 假設你正在看你的房子。房子似乎是存在的，它的每個部分都在正常的位置。

2 現在想像你轉身背對你的房子。你如何知道它仍然存在呢？

踢石頭

英國作家塞繆爾・約翰遜與喬治・貝克萊同時代，他試圖反駁喬治・貝克萊的理論，他非常著名的反駁是踢了一塊石頭，以表明這塊石頭是一個堅硬的物體，而不是他意識中的一個念頭。但是他沒有意識到，如果石頭只是一個念頭，那麼踢石頭時的感覺也可能只是一個念頭。

3 如果現實只是我們的意念，房子的每個部分也只是我們的意念，那麼是甚麼將這些意念組合在一起構成了現在的房子這個意念？

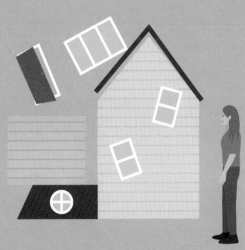

你怎麼看？

- 現在你正拿着這本書閱讀。你能感覺到它和看見它。現在放下書，閉上眼睛。你有甚麼證據證明這本書仍然存在？
- 你怎麼知道你看見的世界和你的朋友看見的世界是一樣的呢？

你能兩次踏進同一條河流嗎？

有甚麼事物是永遠保持不變的？變化似乎每時每刻都發生在我們身邊。樹木脫落葉子，然後再次長出新葉子。白天陽光明媚，但是到了傍晚天空可能會烏雲密布。我們看到的每一個變化是否都意味着一個「新」事物被創造出來了？如果不是，那麼事物保持「不變」是甚麼意思呢？一條河流是由水組成的，但由於水是不斷流動的，你能兩次踏進同一條河流嗎？

1 想像一家人在河邊度過一天。父母準備午餐時，孩子們在河中玩耍。他們旁邊小河中的河水靜靜地順流而下，裏面有魚游泳。

河裏的魚和其他生物都在不斷地移動。

萬物都處於變化之中

這個兩次踏入河流的例子最早是由古希臘哲學家赫拉克利特提出的。有些早期的希臘哲學家試圖通過找到保持固定不變的元素來理解他們看到的複雜世界。然而，赫拉克利特將整個世界描述為處於「不斷變化的狀態」，也就是說，萬物都在不斷地運動和變化，就像一棵隨季節變化的樹。

2 當一家人吃午餐的時候，河水繼續流淌。他們之前看到的水流走了，魚也游過身旁。現在孩子們吃飽了，因此他們也改變了！

3 幾個小時後孩子們回到河邊時，這條河還是同一條河嗎？二十世紀的奧地利及英國思想家路德維希·維特根斯坦認為，也許答案在於語言遊戲規則。如果我們將河流定義為「一直在流動的水體」，則不再存在問題。以前的河水可能已經流過去了，但是它仍然是同一條河流。

是新的還是像新的一樣？

當一件事物隨着時間而改變後，它是同一件事物還是變成了新事物？當它改變多少後，它就會變得與以前完全不同？我們可以通過一項名為「忒修斯之船」的思想實驗來研究身份更替問題。

忒修斯之船

這項思想實驗最早出自古希臘作家普魯塔克的記載，它是這樣開始的：古希臘神話中的英雄忒修斯從冒險之旅歸來，受到了雅典人的歡迎，雅典人決定將他的船留在港口作為紀念。

50 年後……

一場大風暴過後，這艘船受到了損壞。船帆破了，有些槳斷了。修補這艘船很容易，很快它看起來就像以前一樣。

60 年後……

經過多年停泊在港口，這艘船逐漸腐朽，因此人們對它進行了大維修，用新木頭替換了許多舊木頭。這艘船看起來新了一些，但是仍然被認為是忒修斯之船。

這艘船得到了一些新的木頭部件。

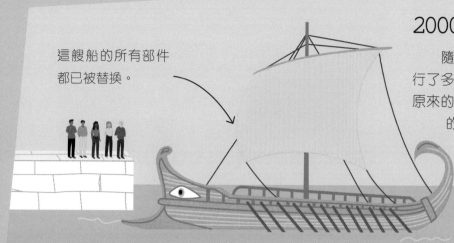

2000 年後……

這艘船的所有部件都已被替換。

隨着時間的推移，人們對這艘船進行了多次大維修，最終用新部件替換了原來的船的所有部件。這艘船還是原來的船嗎？如果不是，那麼在甚麼時候它不再是原來的船了？

哪艘船是忒修斯之船？

十七世紀的英國哲學家托馬斯·霍布斯對此進行了延伸討論，想像有人保留了原船的全部腐朽的老部件，修復了它們，並且用這些修復的老部件重建了這艘船。現在有兩艘船都被稱為忒修斯之船，那麼哪一艘才是真正的忒修斯之船呢？

所有部件都被替換的船　　　　　　　　　　用修復的老部件重建的船

你怎麼看？

- 想像你有一件最喜愛的玩具，可能是洋娃娃或機械人。有一天，它的一隻手臂脫落了。幸運的是，玩具公司給它更換了一條新手臂。你的玩具現在是一隻「新」的玩具了嗎？

- 如果它的兩條腿脫落需要更換呢？如果它的頭需要更換呢？它還是原來的玩具嗎？它需要保留多少原來的部件才能讓你覺得它仍然是原來的玩具？

為甚麼我是我？

　　你有沒有想過為甚麼你是你？在漫長的一生中，我們改變了很多。我們的頭髮長了，乳齒脫落並且被恆齒所取代，我們長高了，我們的好惡也經常發生變化，但是我們不會說我們因為這些變化而成為了一個「新」人。那麼我們是否擁有一個不變的東西，使現在的我們仍然是原來的我們？

我的身體就是我

　　想像一下，有一天你遇到一位老朋友，發現他的外表變了，包括衣服和髮型，但是你仍然知道他是你的朋友，不是嗎？由於我們的身體可能會發生變化，因此我們是誰不僅僅是由身體決定的。

這個女孩的朋友換了一個新髮型。

啊，你看起來不一樣了！

這位女孩仍然認識他，儘管他的外表變了。

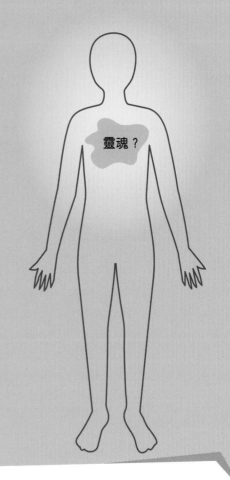

靈魂？

我有靈魂

　　有些哲學家，例如古希臘思想家柏拉圖，相信每個人都有一個靈魂，靈魂獨立於身體，並且是永遠存在的，是隨着時間的推移不會改變的。他們認為，隨着時間的推移，靈魂使我們仍然為同一個人，而我們的其他一切都有可能改變。

如果鞋匠有王子的記憶，那他就是王子嗎？

記憶決定我是誰

　　十七世紀的英國哲學家約翰・洛克認為，記憶賦予我們身份。他想像，如果王子和鞋匠的記憶在他們的身體裏對調了，會發生甚麼呢？鞋匠身體裏的人會認為自己是王子，因此按照約翰・洛克的說法，那個人就是王子。

記憶並不可靠

　　對約翰・洛克的理論的一種批評是，記憶可能會失去。假設有一個人發生了意外撞到了頭，失憶而且不記得以前的生活了，但是任何來訪的人都會確切地知道這個人是誰，因此，我們不能以有沒有相同的記憶來判別現在的我和過去的我是不是同一個人。

這個人認不出鏡子裏的自己。

1 二十世紀的英國思想家德里克‧帕菲特提出了一項名為「傳送機」的思想實驗。在這項實驗中，他設想了一台傳送機，它可以獲取一個人的所有信息，並且將這些信息以數字形式傳送到火星上。在這個過程中，地球上的這個人被摧毀了。

2 地球上這個人的一切信息，包括他的身體和記憶，都在火星上被複製出來。火星上的複製品是原來的人被運送到一個新的地方，還是一個新人？

會有另一個「我」嗎？

我們可能認為自己是獨一無二的，沒有其他人與我們擁有相同的身份。即使是同卵雙胞胎，他們的外貌可能相同，但他們仍然是兩個截然不同的人，他們的性格、經歷和記憶都略有不同。但是，如果有一種方法可以製造你的精確複製品，那對你的身份將會意味着甚麼呢？

真實世界

複製羊多莉

複製動物這種想法聽起來讓人難以置信，但是科學家實際上已經做到了。第一隻被成功複製的哺乳動物是一隻綿羊！科學家用複製技術，從綿羊身上取出一個細胞，將它培育成一隻基因相同的綿羊，被命名為多莉。

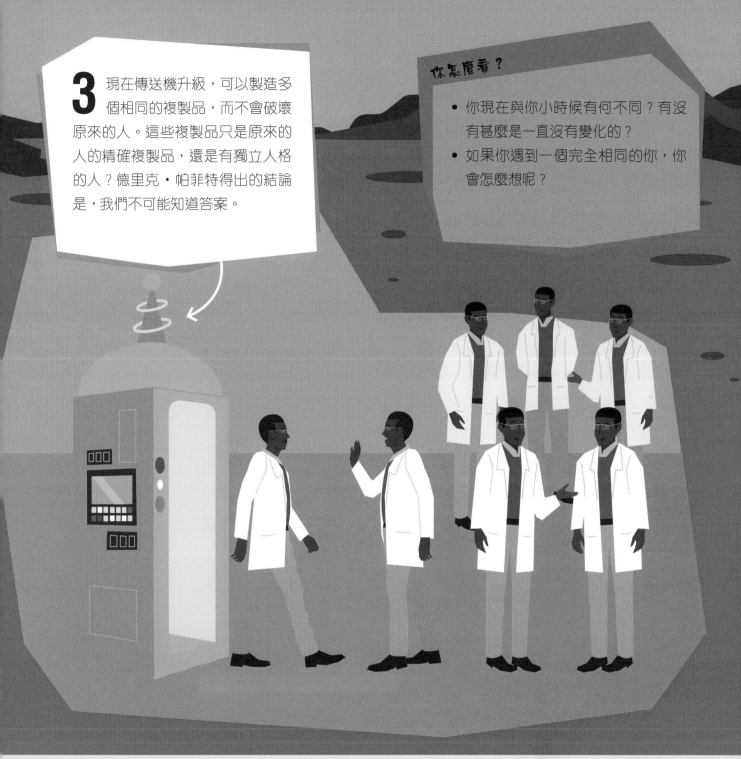

3 現在傳送機升級，可以製造多個相同的複製品，而不會破壞原來的人。這些複製品只是原來的人的精確複製品，還是有獨立人格的人？德里克·帕菲特得出的結論是，我們不可能知道答案。

你怎麼看？

- 你現在與你小時候有何不同？有沒有甚麼是一直沒有變化的？
- 如果你遇到一個完全相同的你，你會怎麼想呢？

未來的自己

德里克·帕菲特認為，即使將來我們的身體可能會變得不同，但我們的身份還是保持不變，這意味着我們有責任用現在的行為來照顧未來的自己。例如，我們知道運動對我們將來的身體有好處，所以我們現在就要運動。德里克·帕菲特認為，為了讓我們將來最有可能過上健康和活躍的晚年，我們應該現在就遵循健康的生活方式。

我們能穿越時間嗎？

　　時間旅行只存在於科幻書籍、電視節目和電影中，有時其中的角色甚至會穿越到平行的時間線上，他們可以改變事物而不會影響自己的過去或未來。但是如果你能在自己的時間線上穿越到不同的時間點，你能改變事物嗎？究竟有沒有過去或未來讓你改變？

時間是如何運作的？

　　我們所感知的時間是向前流動的。例如，一塊蛋糕被吃掉，最終留下一些蛋糕屑。但是這種向前的單向時間流動真的存在嗎？也許這只是我們領會事物的方式造成的？如果時間是各個時刻的大雜燴呢？

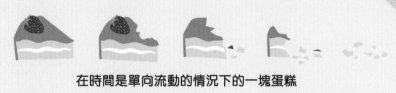

在時間是單向流動的情況下的一塊蛋糕

在時間不是單向流動的情況下的一塊蛋糕

過去和未來存在嗎？

　　首先，是否存在一個過去或未來讓我們穿越？是否只有現在？有些哲學家認為過去的事件不再存在，而很多哲學家認為未來還不存在。但是如果過去和未來確實存在，那它們如何與現在並存呢？

永恆論者相信過去、現在和未來都是存在的。

相信「增長的整塊宇宙論」的人認為，只有過去和現在是存在的。

現在論者認為，只有現在是存在的。

你能改變過去嗎?

　　假如你確實能在時間旅行,那麼這就會引出一些棘手的問題。如果你能改變過去,那麼你可以將過去改變成你從未出生,可是這樣的話你將無法回到過去。如果你不能改變過去,那麼你為甚麼不能呢?是甚麼阻止你改變過去?

1 如果時間機器存在,你可能會嘗試用時間機器回到中世紀。但是你能在那裏改變過去嗎?

2 想像一下,在你的旅途中,你與一名邪惡的騎士決鬥,殺死了他。如果你沒有回到過去,那麼這名騎士也許會長壽。

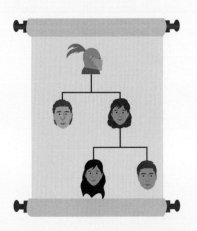

3 如果這名邪惡的騎士是你的一位祖先怎麼辦呢?如果你殺了他,你還會出生嗎?你還能夠回到過去並且打敗他嗎?

你怎麼看?

- 你認為過去存在於我們記憶之外的某個地方嗎?如果人們對同一事件有不同的記憶呢?
- 如果你能回到過去,你會嘗試改變甚麼嗎?你認為你能做到嗎?
- 你能想到我們沒有看見過時間旅行者的原因嗎?

時間旅行者在哪裏?

　　如果時間旅行是可能的,那麼為甚麼未來的時間旅行者沒有拜訪過我們呢?英國物理學家史斯蒂芬·霍金認為這就是時間旅行不可能發生的最好證據。為了驗證他的理論,他為時間旅行者舉辦了一個聚會,並且在聚會結束後才發佈舉辦聚會的消息,結果並沒有人前來參加他的聚會。

我為甚麼存在？

存在的意義是甚麼？每件事和每個人都有特定的目的嗎？幾個世紀以來，哲學家一直在問這些問題，並且想知道人類在宇宙中的位置。有些人說，我們存在的意義是過一種有道德的生活。也有些人說，我們通過選擇想要的生活方式來發現我們存在的目的。

1 當一個人進行一項發明時，通常會為發明設定一個目的。例如，一把剪刀是由它的製造者設計製造的，用來做特定的事情，也就是剪紙張。可以說剪刀的目的是剪紙張。

2 我們能說植物和動物等生物都有一個目的嗎？它們生來就是為了做某些事情嗎？蜜蜂的目的是收集花粉和製造蜂蜜嗎？也許它們的目的是保護蜂巢中的蜂后，或者是保護蜂巢中的蜂蜜不被熊搶去。

思想家：

西蒙娜・德・波伏娃

西蒙娜・德・波伏娃是一位二十世紀的法國哲學家，她相信存在主義，也就是每個人都有自由意志，並且有責任為自己的生活做出決定。她用存在主義來批評生活在父權（男性主導的）社會中的女性所承受的不公平和不平等的壓力。

3 有些哲學家認為，人類生來就有一個基本目的，無論我們是誰，我們都必須實現這一目的。古希臘思想家亞里士多德相信，我們的目的是過一種有道德的生活。也有些人可能會說，作為人類，我們的目的是繁殖後代，以延續物種。

你怎麼看？

- 你覺得你生來就有一個目的嗎？
- 如果你可以自由地做任何你想做的事，你會做出甚麼選擇呢？

4 也許每個人生來都有自己的目的。但是如果有人出生在一個需要他們在辦公室工作的社會，但是他們本人不喜歡這種工作。在這種情況下，他們是否應該僅僅因為這是他們應該做的事情而接受這份工作？

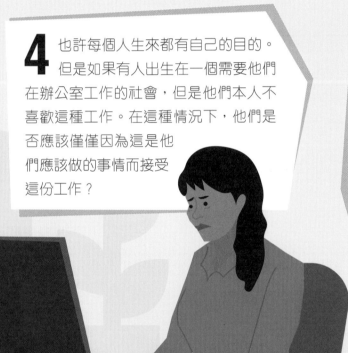

5 我們可以決定自己的目的嗎？20 世紀的法國思想家讓·保羅·薩特認為，我們可以通過在生活中自由地作出的選擇，來發現自己的目的。不喜歡從事辦公室工作的人可以自由地決定他們的生存目的是成為一名消防員。

自由選擇

女性常常被期望成為家庭主婦，並且生兒育女。如果一位女性想成為一名飛行員，但是最終決定順從期望而成為一名全職媽媽，西蒙娜·德·波伏娃會說，這位女性應該完全根據自己想成為甚麼來作出選擇，而不是屈服於社會的壓力。這種觀點被稱為自由選擇。

上帝存在嗎？

世界上大多數宗教的追隨者都信奉一位或多位神或其他神靈。有可能證明這樣的神是存在的嗎？許多歐洲哲學家都試圖證明基督教的上帝的存在，幾個世紀以來提出了許多論證。

最偉大的存在

十一世紀的英國大主教和思想家坎特伯雷的聖·安瑟倫相信，只要仔細思考，就能證明上帝的存在。他給出了他的論證，但是多年來許多人指出了這個論證的種種問題。

如果上帝確實存在，那麼上帝將是我們所能想像的最偉大的存在。

↓

我們能想像這樣的存在，所以上帝至少存在於我們的想像中。

↓

存在於現實中的事物比僅存在於想像中的事物更偉大。

↓

所以如果上帝只存在於我們的想像中，那麼我們就能想像一個比上帝更偉大的存在。

↓

但是我們無法想像任何比上帝更偉大的存在，因此上帝必然存在於現實中。

第一推動力

古希臘哲學家亞里士多德認為，一切運動的事物都必然有推動者在推動它們，所以宇宙一定是由一個「不動的推動者」推動的。早期的基督教哲學家認為，這個「不動的推動者」就是上帝，他是宇宙和其中發生的一切的推動力。

世界的設計者

十八世紀的英國牧師威廉‧佩利說，如果你觀察一台複雜機器的內部，例如手錶，你會發現它的運作是為了某種意圖而創造的。威廉‧佩利認為，自然界中的許多事物，例如人的眼睛，也很複雜，因此世界一定是被有意創造的，它的設計者就是上帝。

良知的來源

有些思想家認為，人類生來就有良知，也就是一種本能的是非對錯感。他們認為這是上帝存在的證據。他們說，如何解釋我們為甚麼有這種良知呢？最好的解釋就是它來自上帝。

帕斯卡賭注

十七世紀的法國思想家布萊斯‧帕斯卡並沒有試圖證明上帝的存在，而是認為相信上帝符合人們的最大利益。他說，如果上帝和來世不存在，那麼無論你是否相信，都不會發生任何不好的事情。但是如果上帝確實存在，你就會因為相信而得到永恆的幸福，或者因為不相信而受到永久的懲罰。這個論證被稱為帕斯卡賭注。但是，如果上帝不懲罰那些不信的人呢？或者只獎勵特定宗教的信徒呢？

	上帝存在	上帝不存在
相信上帝	永恆的幸福	甚麼都不會發生
不相信上帝	永恆的苦難	甚麼都不會發生

舉證責任

有時宗教信徒要求非信徒證明上帝不存在，但是二十世紀的英國哲學家伯特蘭·羅素認為，當人們提出無法被科學證明的主張時，例如「上帝存在」，則應該由信徒來證明他們的主張。伯特蘭·羅素的論證並沒有直接排除上帝的存在，而是認為信徒應該負有舉證的責任。

1 為了說明他的論證，羅素提出了一項著名的思想實驗。他想像，有一個人相信在地球和火星之間有一隻瓷製茶壺圍繞太陽運行，但是這隻茶壺太小了，即使用地球上最強大的望遠鏡也無法看見。

2 這個人將茶壺存在的信念告訴其他人，其他人懷疑茶壺的存在，認為這個人胡說。這個人可能會被他們的反應冒犯，但是他不能僅僅因為別人不能證明他錯了就指望別人同意他。因此懷疑者不必提供任何證據來證明茶壺不存在。

3 羅素隨後設想了一個社會，這個社會有描述這隻茶壺的古文獻，並且孩子們從小就接受合乎這本古文獻內容的教育。在這個社會中，懷疑茶壺存在的人可能不那麼普遍，但是懷疑者仍然不需要證明茶壺不存在。

上帝的本質

上帝是怎樣的？許多思想家辯解道，如果上帝確實存在，那麼人類的經驗與上帝相去甚遠，因此對人類而言，上帝是不可知的。但是十七世紀的荷蘭哲學家巴魯克・斯賓諾莎並不認為上帝是一個遙遠而神秘的存在，而是認為上帝與宇宙萬物是一體的，包括岩石、樹木、動物和人類。

按照人類的形象創造

十九世紀的德國哲學家路德維希・費爾巴哈不相信基督教信仰中關於人類是按照上帝的形象被創造出來的說法，而是相信人類按照自己的形象創造了神，並且將我們最好的品質投射到想像中的神身上。他說，與其將最好的品質賦予神，我們應該專注於培養自己的這些品質。

為甚麼存在苦難？

　　為甚麼壞事會發生在好人身上？為甚麼邪惡存在？有些東方宗教將苦難視為生活固有的一部分。佛教的哲學教導人們，意識到世界上存在的巨大痛苦是通往開悟的第一步；通過學習四聖諦，佛教徒可以證悟，使生活中沒有苦難。

苦難的真相

　　第一個聖諦是苦諦，是說苦難是普遍的。世界上每個人都能承受苦難。人們不只是因為身體有巨大的痛苦才受苦；一個人如果對自己的生活不滿意，就可能覺得生活是艱難的。

受苦的原因

　　第二個聖諦是集諦，說明人類痛苦的根源是我們對財產和其他會使我們快樂的事物的慾望。正是因為渴望滿足這些慾望導致了邪惡，也就是貪婪、無知和仇恨。

罪惡問題

　　信仰全善和全能上帝的宗教，例如基督教，如何解釋苦難呢？如何解釋自然災害和疾病呢？在哲學中，這些問題被稱為罪惡問題。有些基督教思想家認為，上帝不是全能的，而是在與魔鬼持續鬥爭，是魔鬼將罪惡帶入世界。

佛 教

佛教起源於公元前六世紀左右的印度。據傳說，它是由王子喬達摩·悉達多創立的。這位王子放棄了舒適的生活，以佛陀，即精神導師的身份四處遊歷傳道。

八正道

第四聖諦是道諦，包含八正道。這是通往開悟或涅槃的一系列方法。涅槃是一種從生死輪迴中解脫出來的境界。八正道通常被表示為一隻有八根輻條的輪子。通過遵循八正道，佛教徒可以努力尋找自己內心的平靜。

擺脫苦難的方法

第三聖諦是滅諦，也就是終結我們的貪欲。通過將自己從慾望中分離出來，放棄慾望，我們就可以開始擺脫痛苦的輪迴。

正見
學習和了解佛教信仰。

正念
培養身心和諧的持續意識。

正思維
虔誠地信奉佛教之道，捨棄世俗貪欲。

正定
將思想集中在沒有分心的禪定狀態中。

正語
只說真誠和善意的話。不爭辯，不說謊，不說八卦。

正精進
努力克服對他人的懷疑、慾望和惡意。

正命
不擁有任何超過絕對必需的物品。

正業
行為要正，任何造成衝突或對他人造成傷害的行為都不能做。

惡與自由意志

有些基督教哲學家認為，因為上帝給了我們自由意志，所以人們可能會互相傷害。如果沒有惡，我們就將無法選擇善。四世紀的希波哲學家奧古斯丁說，上帝並沒有創造惡，惡只是善的缺乏，人們通過自己的行為製造了惡，所以上帝並不對惡的存在負責任。

思考「知識」有甚麼用？

我們能夠獲得怎麼樣的知識？我們如何獲得知識？關於知識的討論在生活中非常重要。例如，在法庭上作證時，我們必需區分相信與知道某件事是真實的區別。再例如，關於人類如何學習的討論幫助我們設計學校教育。有一種知識論認為未來將遵從與過去一樣的規律，因此科學家能夠根據以前對事物的觀察來解釋世界是如何運作的。

我相信還是我知道？

我們總是說這樣的話，「我知道我回到家的時候我的晚餐就上桌了」。如果有人告訴你，當你從學校回到家的時候，你的晚餐就上桌了，那麼你就可能有充分的理由這樣想；不然的話，這只是你的一個想法。直到你走進家門並且真正看到桌子上的食物的時候，你才真正知道晚餐上桌了。你相信某件事的充分理由需要以事實或真相為依據，這就是知識。真的是這樣嗎？

1 我們可能會有充分的理由相信某個事實，但仍然不是真的知道這個事實，這是因為相信的理由後來被發現是錯誤的。想像一位農婦在一天結束時數她的羊，發現一隻羊不見了。

2 農婦去牧場找羊，看到遠處有一個熟悉的白色形狀。想到羊畢竟在牧場，她就鬆了一口氣。

3 然而，農婦自認為看到的羊實際上是一個掛在柵欄上的白色袋子。她的想法是有充分的理由的，而且似乎是真的，但卻是基於錯誤的信息。

4 羊確實在牧場裏，卻是藏在一棵大樹下。農婦相信羊在牧場裏，這個想法碰巧是真的，但卻不是基於她認為的理由。她真的知道羊在牧場裏嗎？

甚麼是知識？

　　古希臘哲學家柏拉圖對知道某件事的定義是：這件事是真的，你相信這件事，而且你有充分的理由相信這件事。簡而言之，知識就是有充分理由相信的真確想法（見右圖）。這一定義被人們接受了 2000 多年，但是在二十世紀，美國思想家埃德蒙・蓋梯爾指出，在某些情況下，例如上面的農婦例子，有充分理由相信的真信念似乎並不一定是知識。這些情況是柏拉圖定義的反例，被稱為蓋梯爾問題。

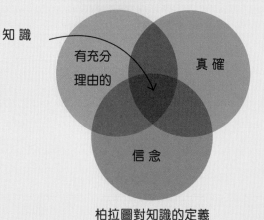

知識

有充分理由的　　真確

信念

柏拉圖對知識的定義

甚麼是我確定知道的？

你有沒有懷疑過別人告訴你的事情？如果有人告訴你人可以長得像樹一樣高，豬會飛，你會怎麼說？你可能會說這是不可能的，但是有些哲學家認為，我們永遠無法確定任何事情。那麼，如果我們想獲得知識，我們應該從哪裏開始呢？

質疑一切

古希臘哲學家蘇格拉底認為。獲得知識是可能的，但要知道某件事，就必須從一無所知的立場出發。通過質疑人們的想法和假設，才能發現自己的差距和錯誤，如下例所示。今天，蘇格拉底的這個方法被稱為蘇格拉底反詰法。

做一名好學生是甚麼意思？

一名好學生是一位努力學習的學生。

但是有些學生不怎麼學習就能取得好成績，不是嗎？

是的，這當然是真的。

那他們是壞學生嗎？

不，我不會這麼說。

所以做一名好學生並不等同於是努力學習，對嗎？

不可能知道

在古希臘，有一羣被稱為懷疑論者的思想家認為，我們不可能確定我們知道任何事，感官或會欺騙我們。迷失在沙漠中的人可能認為他們找到了一個小湖，但是當他們到達該處時，他們就會發現這其實是一個海市蜃樓，也就是一種由光線的折射和全反射引起的視錯覺。如果我們不能相信自己的感官，我們如何能說自己知道某些事呢？

海市蜃樓使女孩的眼睛看到一池水。

如果我們的感官有時不可靠，我們還能相信它們嗎？

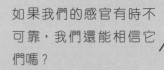

笛卡爾在他的陳述「我思故我在」中得出結論：他的懷疑能力證明了他的存在。

你能知道自己的存在

你是否應該懷疑一切，包括你自己的存在？按照十七世紀法國哲學家勒內·笛卡爾的說法，答案是否定的。如果你懷疑自己的存在，那麼你就一定存在，否則，是誰在懷疑？

我如何知道
我不是在做夢？

你有沒有想過，周圍的一切是否只存在於你的想像中？假設有一天早上，你從一個非常逼真的夢中醒來。一開始你可能會感到困惑，因為夢境看起來如此真實。但是如果你在做夢的時候不知道自己在做夢，你怎麼能說你現在不是在做夢呢？道家莊子夢見自己是一隻蝴蝶的時候，也有同樣的想法。

莊子在做夢時並不知道這是一場夢。

在夢裏，莊子相信自己是蝴蝶。

1 莊子辛苦了一天，很疲倦。他回到家，躺在床上，立刻陷入了沉睡。莊子很快就開始夢見自己是一隻蝴蝶，在美麗的花園裏飛舞。

2 莊子醒來時，發現自己分不清自己是人，夢見自己是蝴蝶，還是自己是蝴蝶，夢見自己是人。

你怎麼看？

- 你有沒有做過一個夢，醒來時以為它真的發生了？是甚麼讓你意識到那只是一場夢？
- 當你在做夢時，例如夢見自己像鳥一樣飛翔，有沒有甚麼線索讓你意識到它不是真的？

思想家：

莊子

　　莊子生活在公元前四世紀後期的中國，他是道家學派的重要思想家。據信，他和他的弟子寫了以他的名字命名的道教書籍《莊子》，其中有短小而有趣的故事，例如此處所描述的故事。

道教

　　道家學派教導其追隨者接受生活的煩惱，並且在生活中尋找快樂。道是創造宇宙的原動力，道包容並且平衡萬物，陰和陽代表了這種平衡。

陰陽太極圖

陰代表黑暗、年老、虛弱等。

陽代表光明、青春、力量等。

我有可能只是實驗室中的腦袋嗎？

我們的感官可靠嗎？如果你的感官被欺騙了怎麼辦？如果它們有可能被欺騙，那麼你如何知道周圍的世界是真實的？也許你只是容器中的一個大腦，被灌輸的信息讓你誤以為所見所聞是真實的。

2 現在想像，你根本不在海灘上，而只是一個漂浮在實驗室容器中的大腦，被電極和電線連接到一部超級電腦上。

1 二十世紀美國哲學家希拉里·普特南提出了一項思想實驗來研究這種情況。想像一下，你相信自己在海灘上，正在曬太陽。

3 電腦用在沙灘上的感覺刺激你的大腦，而你無法分辨這些感覺是否是真實的。希拉里·普特南說，如果你不能確定你是否是缸裏的一個大腦，你就無法確定你對外部世界的信念是否是真的。

思想家：
勒內·笛卡爾

十七世紀的法國哲學家勒內·笛卡爾希望我們將所有知識都建立在穩固的基礎上。他從懷疑一切的立場開始，包括他的感官，然後研究是否有甚麼是他可以確定知道的。

惡 魔

希拉里·普特南的缸中之腦思想實驗是基於勒內·笛卡爾提出的一項思想實驗。在勒內·笛卡爾的實驗中，他無法知道是不是有一個惡魔在控制他的感官，讓他相信周圍的世界是真實的。他得出的結論是，在這種情況下，他能確定的一件事就是自己的存在。

甚麼是椅子？

當你想到一把椅子時，腦海出現了甚麼？也許是一個可以坐的物體，它可能有一個靠背和四條腿。那其他類型的椅子呢？例如辦公椅、搖椅或扶手椅？有這麼多不同類型的椅子，那我們如何知道一個物體是否是椅子呢？

辦公椅　　　　搖椅

四條腿的椅子

一把椅子甚麼時候
不再是椅子？

如果我們拿走椅子的一部分，它仍然是椅子嗎？

也許我們可以將構成椅子的部分一樣一樣拿走，來看看它甚麼時候不再是椅子了，以此來揭示椅子是甚麼。這樣是不是就可以幫助我們確定所有椅子的共同之處呢？

如果它沒有靠背，那它還是椅子嗎？

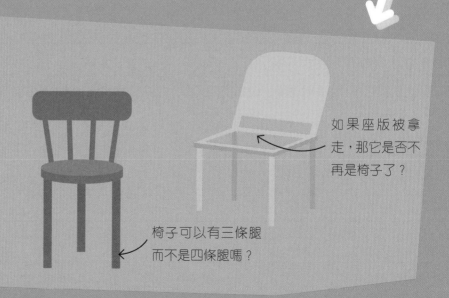

如果座版被拿走，那它是否不再是椅子了？

椅子可以有三條腿而不是四條腿嗎？

為甚麼其他物體也可以用來坐，但卻不被稱為椅子呢？

我們可以坐在許多其他物體上，包括長櫈和豆袋。為甚麼我們坐的這些物體不叫椅子呢？這些「不是椅子」的例子是否有助於增進我們對椅子的理解？

當我們看到一把椅子時，我們如何知道一把椅子是怎樣的？是甚麼讓椅子成為椅子？是製作的材料？是組裝的方法？哲學家就這種簡單物體提出這樣的問題，目的之一是揭示我們自以為知道的事物所做的假設。

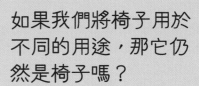

如果我們將椅子用於不同的用途，那它仍然是椅子嗎？

物體的用途是否是物體的定義的一部分？但椅子本來是用來坐的，但有人將用於不同的用途，例如站在上面掛裝飾品，那它是否就不再是椅子了？

來自另一顆星球的人會知道椅子是甚麼嗎？

對於從未見過椅子的人來說，椅子的定義和用途是顯而易見的嗎？如果椅子在外星人的星球上是完全不同的呢？他們會不會對我們椅子的形狀感到困惑？

我們是如何學習的？

知識從何而來？自古以來哲學家就對這個問題有不同的看法。有些被稱為理性主義者的思想家認為，我們生來就有知識，換句話說，我們生來就會用我們的頭腦解決問題。而有些被稱為經驗主義者的思想家認為，我們是通過後天的經驗來學習知識的。

馬的理想形式。

柏拉圖的理型論

古希臘哲學家柏拉圖認為，我們存在於一個形式的世界，它具有我們世界中的一切事物的完美形式，而我們生來就知道這些完美形式。例如，因為我們知道馬的完美形式，所以每當我們看到一匹馬時，我們就會認出它是一匹馬。

現實世界的馬讓我們想起了馬的完美形式。

學習就是回憶

古希臘理性主義者蘇格拉底曾經和一名男孩談論幾何問題。這名男孩對數學一無所知，但是通過觀察蘇格拉底在沙地上畫圖，他就能夠找到答案。蘇格拉底說，這名男孩能通過思考「回憶」他已經知道的事情。

這名男孩天生就有解決謎題的知識。

經驗告訴我們一切

柏拉圖的學生亞里士多德不同意柏拉圖的觀點，他認為我們是通過經驗學習知識的。為了理解周遭世界中的事物，亞里士多德試圖將這些事物按照它們的共同特徵分類。例如，所有鳥類都有喙、羽毛和爪子，因此我們用這些特徵來識別鳥類。

鳥

☑ 喙

☑ 羽毛

☑ 爪子

思想家：

柏拉圖

公元前四世紀的希臘哲學家柏拉圖是偉大思想家蘇格拉底的學生。柏拉圖的許多著作都記錄了蘇格拉底與其他哲學家之間的真實對話和想像的對話。正因為如此，很難知道哪些是柏拉圖自己的思想，哪些是他的老師蘇格拉底的思想。就知識論而言，他們二人都是理性主義者。

大辯論

柏拉圖和亞里士多德之間關於知識從何而來的分歧導致了歐洲理性主義者和經驗主義者之間一場持續了數百年的大辯論，歷史上許多最偉大的思想家都提出了他們的論證來支持一方。最終，十八世紀的德國思想家伊曼努爾·康德提出了一種調和了理性主義和經驗主義的知識論。

笛卡爾的「普遍懷疑」

十七世紀的法國哲學家勒內·笛卡爾意識到，我們的感官有時可能欺騙我們，所以我們不能相信經驗。而有些事情，例如我們存在的這個事實，可以通過推理來得到，因此是可以確定的。

插入一杯水中的鉛筆似乎是斷的，因此我們的感官並不總是可信的。

空白石板

十七世紀的英國經驗主義者約翰·洛克提出，我們出生時，頭腦就像一塊空白石板，上面沒有任何文字，只有通過對世界的體驗，我們才能開始用知識填充我們的頭腦，這個過程會在我們的一生中持續下去。

我們一生都在不斷地獲取知識。

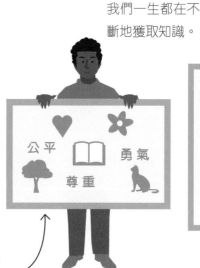

隨着我們的成長，頭腦獲得越來越多的知識。

休謨的菠蘿

根據十八世紀蘇格蘭經驗主義者大衛·休謨的說法，「如果我們沒有品嘗過菠蘿，我們就無法對菠蘿的味道形成一個合理的觀念。」只有吃過菠蘿，我們才能知道它的味道。

經驗和直覺

伊曼努爾·康德認為，我們只能了解身體所體驗的世界，但是無法離開我們的身體來檢查所體驗的世界是否與實際的世界一致。伊曼努爾·康德也相信，我們生來就有一些知識，他稱之為直覺，可以幫助我們理解經驗。例如，我們對空間和時間的直覺使我們能夠理解物體以及它們隨着時間的推移如何表現。

我們頭腦中的直覺，例如對空間和時間的直覺，使我們能夠理解我們的經驗。

我們無法知道世界中的實際情況。

我們只能了解我們在世界中的經驗。

兩種真理

十七世紀的德國哲學家戈特弗里德·萊布尼茨認為有兩種真理：理性真理和事實真理。我們用思考就能獲得理性真理，諸如 2+2=4 之類的數學推理就是理性真理。而對於事實真理，我們不能僅通過思考來驗證，也必須對照現實來檢驗它們。

「三角形有三條邊」
是一個理性真理。

「吉薩大金字塔位於埃及」
是一個事實真理。

經驗能告訴我甚麼？

你可能認為，我們可以通過閱讀或去學校學習來完全了解某些事物，例如飛機如何飛行。但是當你第一次看到或體驗到某個事物時，你體驗到的是否比書本上的知識多？當代澳洲哲學家弗蘭克・傑克遜認為你能夠，並且提出了被稱為「瑪麗的房間」的思想實驗來解釋他的想法。

瑪麗本人就是黑白色的。

有關光波的資料有助於瑪麗了解顏色的工作原理。

1 瑪麗一生都住在一個黑白色的房間裏。她是一位專門研究人類如何看見顏色的科學家。她知道大腦如何處理光線以使我們感知不同的顏色。然而瑪麗自己從未看見過顏色。

2 有一天，瑪麗終於離開了她的房間，第一次看見了顏色。她有沒有學到甚麼新知識？弗蘭克‧傑克遜認為她學到了。雖然瑪麗知道顏色的物理性質，但是她並不知道與它們相關的某些事情，例如顏色給我們的感覺。因此沒有體驗是不可能學到所有知識的。

瑪麗獲得了關於顏色的新知識，而這些知識她的同事們早就已經從體驗中獲得了。

1 如果你在森林中迷路了，然後遇到一條小路，此時你仍然處於迷路狀態嗎？十九世紀的美國實用主義者威廉·詹姆斯認為，你是否仍然迷路取決於你對這條道路的信念。

你相信這條路將會引導你走入森林深處還是引導你走到安全的地方？

信念必須是真的嗎？

能否證明一個信念的真實性重要嗎？換句話說，信念的真實性和它的實用性哪個更重要？假設有兩種關於鑽石的理論：鑽石總是硬的；鑽石是軟的，但只有在被觸摸時是硬的。這兩種理論的真實性對實際生活的影響沒有甚麼不同。有些被稱為實用主義者的哲學家認為，這表明事物只有在我們的生活中有實際應用時才需要是「真的」。

2 如果你不知道或不相信這條路會引導你走出森林，因此不沿着這條路走，那麼你將繼續迷失在森林中。你的行為使你的信念成真。

3 如果你相信沿着這條路走會走出森林，會走到安全的地方，那麼你的信念將使你採取行動，也就是沿着這條路走，最終走出森林，這也會使你的信念成真。威廉·詹姆斯比較喜歡這種信念，這是因為它們很有用。

你怎麼看？

- 你有沒有曾經對你相信的事情改變了看法？
- 你有沒有按照你的信念採取行動，將這個信念變成真實的？
- 信念和事實有甚麼區別？

實用的信念

有時信念激勵我們做好事，因此是有用的。一個人對上帝的信仰可能會使他參與慈善活動，例如向無家可歸的人分發毯子。

教 育

二十世紀的美國哲學家約翰·杜威認為，哲學應該被用於生活，幫助人們尋找切實可行的解決問題的方法。他對改革教育特別感興趣，認為學生參加實踐活動會促進他們的學習。例如，學生不僅需要學習化學理論，同時也需要參與化學實驗。

科學總是
正確的嗎？

自從人類有記憶以來，太陽每天都升起。根據科學，太陽將繼續每天升起。但是我們真的可以說明天太陽一定會升起嗎？科學基於歸納推理，也就是用過去的事件來預測未來，並且假設大自然總是以同樣的方式運作。

1 十八世紀的蘇格蘭思想家大衛・休謨說，科學建立在有可能是不正確的假設之上，因此我們沒有真正的理由相信明天太陽一定會升起。

思想家：

弗朗西斯・培根

十六世紀的英國哲學家和政治家弗朗西斯・培根提出了一個檢驗科學假設的新方法，這個方法使用歸納法來分析實驗結果。他的方法被稱為培根法，是現代科學方法的基礎之一。

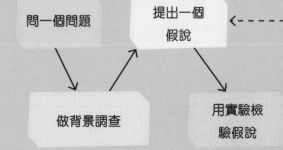

問一個問題　　提出一個假說

做背景調查　　用實驗檢驗假說

2 大衞・休謨說，我們沒有自然規律不會改變的證據，我們只能假設它們會保持不變，這是因為它們過去是這樣的。所以明天太陽有可能不會升起。

3 歸納法是日常生活中的重要方法，它假設事情會像過去一樣繼續下去。但是歸納法依賴於一個循環論證來證明自己的正確性：未來將會像過去一樣，因為它過去總是這樣的。換句話說，我們使用歸納法來證明歸納法。

未來會像過去一樣。

為甚麼我們認為它會繼續這樣？

因為它過去就是這樣的。

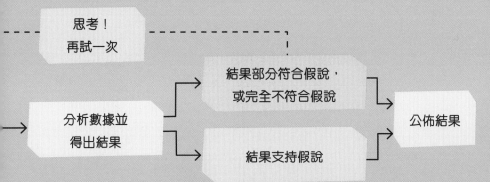

思考！再試一次

分析數據並得出結果

結果部分符合假說，或完全不符合假說

結果支持假說

公佈結果

科學方法

科學理論建基於檢驗假說。科學家從一系列假設開始，在它們之上建立一個假說。科學家通過實驗和觀察來檢驗這個假說。如果實驗結果支持這個假說，科學家就會發表他們的結果，他們的假說也就成為科學理論。

錯誤推動科學向前發展

一個多世紀以來，歸納法的問題一直困擾着科學家，直到二十世紀的奧地利及英國哲學家卡爾·波普爾提出了不同的科學觀點。卡爾·波普爾說，科學所關心的不在於一個理論是否能夠被證實，而在於它是否有可能被證明是錯的，也就是是否可以被證偽。如果一個理論可以被證偽但又找不到證偽所需要的事實證據，那麼這個理論就是科學的。

1 科學理論始於假說。例如，「所有天鵝都是白色的」，這個假說是科學實驗和觀察的起點。

2 只要科學家觀察的結果或收到的報告表明，每隻天鵝都是白色的，「所有天鵝都是白色的」這一假說在科學上就有意義。

黑天鵝

　　澳洲黑天鵝的存在讓十七世紀的歐洲人感到驚訝。他們原來相信所有的天鵝都是白色的，這是因為他們從未見過不同顏色的天鵝。

3 一旦觀察到非白色的天鵝，「所有天鵝都是白色的」這一假說就被證明是錯誤的，就是說被證偽了，此時就需要新的假說來解釋新的觀察結果。

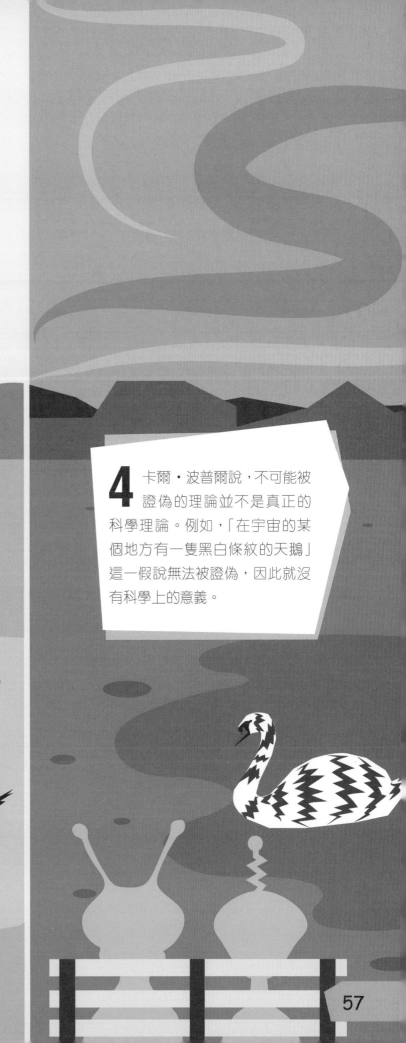

4 卡爾・波普爾說，不可能被證偽的理論並不是真正的科學理論。例如，「在宇宙的某個地方有一隻黑白條紋的天鵝」這一假說無法被證偽，因此就沒有科學上的意義。

思考「對與錯」
有甚麼用？

決定甚麼是對的可能不是一件容易的事。幸運的是，有哲學指導我們。對與錯的思想領域被稱為倫理學，可以幫助我們決定想成為甚麼樣的人，以及如何過幸福的生活。這些決定與我們是否真的可以自由選擇我們所做的事情，以及我們的自由是否應該受到限制等問題密切相關。有關這些問題的討論和一些結果已經成為當今世界上許多法律和習俗的基礎。

行為本身是對還是錯？

是否可以判斷一個行為的本身是對還是錯，而不考慮它背後的理由？你能說某些行為按照定義是「好」或「壞」嗎？例如，向慈善機構捐款一定是一件好事嗎？而偷別人的錢一定是一件壞事嗎？

與這個人有沒有偷錢的理由有關係嗎？偷東西總是錯的嗎？

如何分辨
對與錯？

你的意圖重要嗎？

如果你的意圖是好的，但是後果很糟糕，那麼你就是錯的嗎？例如，如果你決定大方地與一位朋友分享一塊餅乾，卻沒有意識到她對餅乾中一種原料過敏，這是否意味着你做了壞事？

按命令辦事總是對的嗎？

僅僅因為他是上司就服從他，這個行為是對的嗎？如果雇主命令他的員工做錯的事情，例如銷毀可以證明雇主有罪的文件，員工應該怎麼辦呢？如果員工認為雇主命令他做的事情是錯的而不服從雇主，那麼員工不服從雇主這件事本身是不是就是錯的呢？

分辨甚麼是對的行為或錯的行為並不總是那麼容易的。有時你可能認為自己在做對的事情，結果卻導致了壞的後果。那麼我們如何來分辨對與錯呢？

大家都做的事就是對的嗎？

有時候因為大家都做某件事，所以我們會覺得做這件事一定是可以接受的。但是想像一下，如果你周圍的人都要從懸崖上跳下去，那麼你也要從懸崖上跳下去嗎？

文化差異

有些事情在某些文化中被認為是對的，但在另一些文化中被認為是錯的。例如，美國人和歐洲人吃牛肉是很普通的。然而印度教的信徒認為，牛是神聖的動物，應該受到高度尊重，為牛肉而殺牛是不可接受的行為。

在印度的許多地方，牛是作為神聖的動物而受到保護的。

說謊有可能是對的嗎？

你有沒有從小被教導說謊總是錯的？也許你不同意，認為有時候需要用說謊來保護別人的感情，或者擺脫麻煩。但是有充分的理由就可以說謊嗎？如果每個人都一直說謊，會發生甚麼事情呢？如果你發現你的父母或朋友對你說謊，你會感到難過嗎？

1 想像你的朋友在你生日那天送給你一個禮物，但它和你剛剛收到的一個禮物是完全一樣的。你會對你的朋友說實話，還是會用「善意的」謊言來保護她的感情？

2 謊言往往需要更多謊言來掩飾。如果另一位朋友知道你已經收到了同樣的禮物，你會要求她為你說謊並且將最初收到的禮物藏起來嗎？你可能需要讓很多人來幫你掩飾你的謊言。

你不得不請另一位朋友掩飾你的謊言。

3 如果你從一開始就對你的朋友說實話，她可能會因為送給你一個你已經擁有的禮物而感到難過，但是這可以防止你陷入謊言之網。哲學家伊曼努爾·康德說，我們必須始終說真話，否則一切都會亂套。

你決定對你的朋友說實話，即使這可能會讓她不高興。

思想家：
伊曼努爾·康德

伊曼努爾·康德是十七世紀的德國思想家，他關於行為對與錯的觀點至今仍然具有影響力。他說，每個人都必須遵循某些原則。如果有些人遵循這些原則，而其他人不遵循，那麼這些原則就毫無用處。

堅持原則

根據伊曼努爾·康德的說法，即使有充分的理由，人們也不應該在這些原則之外行事。例如，一名獄警可能認為她的一名囚犯是無辜的，因此希望讓他出獄。但是如果她真的放了他，其他獄警也開始這樣做，那就沒有秩序了，法律也就沒有意義了。

你信奉的宗教勸人做好事嗎？

幾乎所有的宗教都告訴我們，我們不應該做壞事，例如偷竊，而應該做好事，例如捐錢給不幸的人。許多人相信，當他們死後，上帝會根據他們一生中做過事情而懲罰或獎勵。

我應該做好事嗎？

如果你可以隱形，你還會做一個好人嗎？

古希臘哲學家柏拉圖認為，人們之所以阻止自己做壞事，是因為他們知道自己會受到懲罰。但是如果你能夠隱形呢？你可以搶劫一家銀行而沒人會知道。如果有機會，你會這樣做嗎？僅僅是因為你可能會被執法機構抓住，你才不去做壞事嗎？

究竟甚麼是「好事」？

是甚麼決定了一件事是好事還是壞事？例如，這位女孩正在和她的貓玩耍，而不是做作業。但是如果照顧貓是她的職責之一呢？十八世紀的蘇格蘭思想家大衛・休謨說，一件事是好還是壞，取決於我們自己的看法或感覺，沒甚麼好討論的。

我們經常被告知應該做好事，行為不端是錯的。但是我們為甚麼要做好事呢？我們從好的行為中能得到甚麼呢？有時做壞事更有趣，或者可以得到我們想要的東西。是甚麼阻止我們做壞事呢？

你怎麼看？

- 你如何定義好的行為？你的定義和你父母或老師的定義一樣嗎？
- 當你做了一件好事，如果沒有人注意到，你會感覺如何？
- 如果做壞事沒有人知道，你認為可以做壞事嗎？

如果你做了好事但沒有人注意到，是否值得？

我們做好事是因為我們會得到回報嗎？還是做好事本身就是回報？古希臘哲學家亞里士多德說，有美德的人會出於正確的理由去做好事。但是正確的理由是甚麼呢？你歸還一隻丟失的狗是因為你會得到獎勵嗎？還是因為這是一件應該做的事？

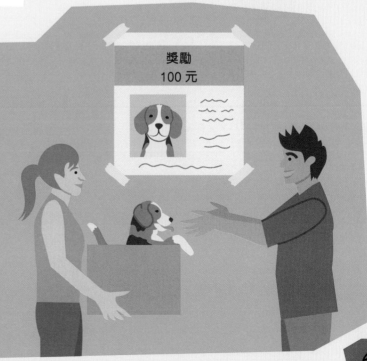

獎勵
100 元

是否只要目的正當，就可以不擇手段？

　　如果你違背了與朋友見面的承諾，我們通常會說這是不對的。但是如果你違背了這個承諾是為了去醫院探望生病的祖母呢？沒去與朋友見面現在是一件「好」事了嗎？判斷我們行為的後果，而不是我們實際上做了甚麼，也是判斷對錯的一種觀點。這意味着我們認為目的（我們行為的後果）可以把手段（我們的行為）合理化。

不擇手段

　　思想家馬基雅維利認為，領導者有責任用任何手段來取得好結果。想像一下，一支球隊的經理為了提高球隊的活力，不得不解僱了一名深受球迷喜愛的球員，這樣下次球隊比賽時，他們就會贏得比賽。馬基雅維利會說，解僱那名球員的做法是對的。

幸福最大化

十八世紀的英國思想家傑里米·邊沁關注的是一個行為導致的結果而不是意圖。他認為判斷對與錯的標準是衡量是否為最多的人創造了最大的幸福。這被稱為效用最大化原則。

傷害原則

十九世紀的英國思想家約翰·斯圖亞特·穆勒看到效用最大化原則可能會限制有些人的自由，因此提出了傷害原則：在不傷害別人的情況下，你有自由做任何事情，以使自己獲得最大的幸福。

如果這個人送給他的鄰居一盤食物，只有一個人會得到幫助。

如果他去賑濟處做義工，很多人都會得到幫助。

這位男孩無法專心看書，因為他姐姐玩電子遊戲的聲音太大了。

當他姐姐戴上耳機後，他們兩人就可以各玩各的。

思想家：

尼可羅·馬基雅維利

在十六世紀，意大利政治思想家尼可羅·馬基雅維利寫了一本名為《君主論》的書，他認為，目的確實可以把手段合理化。他認為如果會為所有人帶來一個更好的社會的話，當權者應該被允許做不道德的事情，例如暴力或欺騙。

行動還是不行動？

　　如果我們用行為所產生的結果來判斷甚麼是對甚麼是錯，那麼我們可以設想一些無論我們如何做都會感覺不對的情形。二十世紀英國哲學家菲利帕·福特的思想實驗「電車難題」是關於一輛失控的有軌電車，它展示了尋找最佳結果如何會導致我們做出通常被認為是錯誤的行為。

你怎麼看？

- 假如你就是站在道岔旁邊的人。如果第二條軌道上的工人是罪犯，你的決定是否會有所不同？
- 如果第二條軌道上的工人是你的朋友或親戚呢？這會影響你的選擇嗎？

1 在菲利帕·福特的思想實驗修改版本中，一列失控的電車正在駛向五名在軌道上進行維護工作的工人。他們沒有注意到即將到來的電車。如果沒有干預，他們就會被電車撞死。

2 一名男子站在道岔旁邊，他能夠扳動道岔使電車駛入第二條軌道，從而拯救這五名工人，但是第二條軌道上的一名工人就會被撞死。這名男子應該採取行動嗎？

扳動道岔可以使電車駛入另一條軌道。

3 相信效用最大化原則的哲學家被稱為功利主義者。他們會說，我們應該為最多的人創造最大的幸福；所以，為了使更少的人受到傷害，那名男子應該扳動道岔。

更進一步

假設那名男子站在橫跨失控電車軌道上的一座橋上，旁邊有一名女子。如果男子把她推下橋，她的身體就會阻止電車到達那五名工人。主動將某人推向死亡與扳動道岔有甚麼區別嗎？

這名女子如果被推下橋就會被撞死。

這名工人的生命比其他五名工人的生命更珍貴嗎？

4 拯救五名工人可能是效用最大化原則或功利主義哲學的最佳結果。但是如果殺人是錯的，那麼為甚麼在這個事例中導致一名工人死亡的行為是「對」的？似乎專注於行為結果的哲學也並不能幫助我們解決所有問題。

甚麼是幸福？

有些小事，例如收到禮物或與朋友共度時光，都能讓你感到幸福。但是這些小事帶來的幸福感往往很快就消失了。長久幸福的秘訣是甚麼呢？根據古希臘人的說法，長久幸福就是過上美好的生活。但是對於甚麼才是美好的生活以及如何實現它，人們有很多不同的觀點。

甚麼都不需要

蘇格拉底說，每個人生來都追求幸福，而幸福是可以通過學習獲得的。他認為要想得到真正幸福，我們應該學習如何明智地行事，而不是專注於聚集財富。他的學生柏拉圖記載了一個故事，有一天蘇格拉底經過市場，看着市場上的貨物說道：「看看，這些都是我不需要的東西。」

自我控制

柏拉圖認為只有行為良好的人才能得到幸福。他指出自我控制和不要做任何過度的事情的重要性。

簡單的生活

有一個被稱為犬儒學派的團體認為，當你拒絕奢侈和財富以及社會習俗時，就會找到幸福。著名的犬儒學派門徒第歐根尼住在雅典市場的一個大陶瓷罐子中，將這一觀點發揮到了極致。

第歐根尼看見一隻狗一無所有，但卻自由自在，很幸福。

享樂主義

享樂主義者認為享樂是人生最重要的追求。然而著名的享樂主義者伊壁鳩魯同時也認為應當謹慎地選擇幸福。他將幸福定義為身心沒有痛苦。

伊壁鳩魯說：當我靠麵包和水而過活的時候，我的全身就洋溢着快樂。他不認為過度飲食是一種享樂。

接受

另一個稱為斯多葛學派的思想流派認為，生活中總會有一些痛苦，我們需要接受這個事實，放下恐懼和沮喪的感覺，這樣我們才能過上與大自然和諧相處的美好而充實的生活。

第歐根尼與亞歷山大大帝的傳説

在這個故事中，亞歷山大大帝去街上拜訪第歐根尼，詢問他是否需要幫助。第歐根尼回答道：「是的，你可以閃到一邊去，不要遮住我的陽光。」這個故事表明，第歐根尼不僅確認了生活必需品（例如陽光），同時也拒絕了權力和權威。

關鍵在於平衡

　　古希臘哲學家亞里士多德認為，幸福就是盡己所能，做到最好。他的美好幸福生活理念是基於美德，而美德是勇氣、善良、耐心和慷慨等道德品質。他認為這些品質過多或過少都不好。

1 每一種美德都有兩個極端：太少（不足）和太多（過度）。舉一個慷慨的例子。假設有一個人很幸運地中了彩票，他正在決定如何處理他的彩金。

2 這位彩票中獎者可能對錢財很吝嗇，他只將很少的彩金分給了他的一些朋友。亞里士多德認為，吝嗇是不夠慷慨，吝嗇不會給你帶來幸福。

思想家：

亞里士多德

　　公元前四世紀的希臘哲學家亞里士多德曾經師從柏拉圖，但是他的想法卻與柏拉圖非常不同。他寫了兩百多本書，其中包括試圖向人們解釋如何過美好生活的《尼各馬可倫理學》。在亞里士多德看來，僅僅知道甚麼是美好的生活是不夠的，重要的是過美好的生活，並且成為一個好人。

很多錢都會被浪費。

3 假設彩票中獎者沒有認真思考就將大量彩金分發出去。亞里士多德會認為，這種慷慨是過度的，生活中的過度行為是不好的。

4 要想真正地慷慨，與朋友分享你的好運但又做得恰到好處，你必須找到不足和過度之間的平衡點。但是誰能知道最好的平衡點在哪裏呢？由於各種事件的情況都不一樣，所以我們需要具體分析每一件事。

你怎麼看？

- 讓我們來看看另一個美德：耐心。你是否曾經表現得不耐煩？或者非常有耐心以至於被別人利用了？
- 如果是，你應該改變甚麼來達到平衡點呢？
- 你認為每個人的平衡點是不同的嗎？

中道

根據亞里士多德的說法，美德意味着在兩個極端之間找到平衡點，他將這個平衡點稱為中道。例如，如果我們想勇敢地行動，我們必須在魯莽（有太多的勇氣）和怯懦（沒有足夠的勇氣）之間找到中道。我們必須了解每種美德的中道是甚麼。

魯莽　　　勇氣　　　怯懦

做不快樂的人，還是做快樂的豬？

你可能聽說過「無知是幸福」這句話，意思是如果我們不知道不愉快的情況，我們就會很幸福。但這是真的嗎？幸福的生活是充滿了享樂和無憂無慮的生活，這種理念被稱為享樂主義，從古希臘時代就已經存在。享樂主義聽起來可以給我們完美的生活，但是幸福僅僅是這樣嗎？

1 十九世紀的英國哲學家約翰·斯圖亞特·穆勒認為，無節制的享樂會使人類與動物沒有區別，兩者都只想享受無憂無慮的生活。然而人類有思考的能力，哲學家稱之為理性的力量。約翰·斯圖亞特·穆勒認為，這就是使人類的生活比動物的生活更有意義的原因。

往市場

這個婦人開心地泡澡，選擇不理會外面的災難。

豬很高興，不知道它很快就會被出售，成為食物。

2 相對於認真學習，你可能更喜歡和朋友一起出去玩。但是想一想，通過艱苦的腦力勞動來實現你的目標，可能會獲得多大的回報，從這個角度看，犧牲與朋友去郊遊的幸福，來換取未來更大的幸福，是不是值得呢？

這位男孩覺得學習很難，因此不開心。

3 假設將來你通過考試獲得了夢想的工作，你會不會感到更幸福呢？約翰‧斯圖亞特‧穆勒認為，幸福的質量比數量更重要。做一個暫時不快樂的人，努力獲得有益的結果，總比像豬一樣幸福無知要好。

你怎麼看？

* 如果你選擇忽略世界上的所有問題，你會真的感到幸福嗎？
* 你最喜歡做甚麼？是純粹的身體享受，例如吃飯，還是以某種方式使用你的大腦？
* 你認為幸福有不同的等級嗎？
* 當你在努力工作後取得成功時，你是否會感到獲取更大的回報？

這位男孩的努力得到了回報，他感到現在比以前更幸福。

高級快樂和低級快樂

　　約翰‧斯圖亞特‧穆勒認為有不同種類的快樂。他把它們分為兩類：高級和低級。高級快樂是使用腦力活動得到的快樂。例如，看書比看電視需要更多的腦力，所以看書是高級快樂，而看電視則是低級快樂。約翰‧斯圖亞特‧穆勒認為，高級快樂更好，這是因為雖然它們需要動用更多腦力，但是往往更有價值。

看電視通常比閱讀需要動用的腦力少。

閱讀是腦力活動，可能有更大的價值。

體驗機

　　我們可以用快樂程度來判斷經驗的價值嗎？二十世紀的美國哲學家羅伯特・諾齊克不這麼認為。他的思想實驗「體驗機」旨在說明：人們不會選擇只有美好體驗的虛擬生活，還是會選擇真實生活，即使這意味着他們會經歷一些挫折與失意。

你可以選擇領養可愛的動物。

你可以選購一輛很酷的車。

你可以選擇與家人共度時光的體驗。

1 如果你可以將自己連接到一台機器，這台機器會刺激你的大腦，只給你美好的體驗，會發生甚麼事呢？你可以選擇任何你喜歡的情況，但是一旦連接到機器上，你就不會知道這不是真實生活。你會選擇虛擬生活而不選擇真實生活嗎？

你可以選擇贏得比賽的體驗。

2 在現實生活中贏得比賽的感覺會比在機器中贏得比賽的感覺更好嗎？在現實生活中，你會參與比賽的全過程，而不只是獲勝的體驗。諾齊克認為，人們實際上是想親自實踐，因此他們不會選擇體驗機裏的生活，而是會選擇真實生活。

真實世界

虛擬現實

　　人們現在可以使用虛擬設備玩遊戲，並且參觀他們在現實生活中沒有去過的地方。這種設備提供的體驗很好玩，但是你想一輩子都沉浸在虛擬現實中嗎？

你怎麼看？

- 你在生活中取得的哪些成就讓你感覺快樂？
- 取得成就的過程是否讓你感到快樂？
- 如果你的成就發生在虛擬世界中，你還會覺得自己取得了成就嗎？

我是自由的嗎？

當我們作出選擇時，真的可以自由地選擇想要的任何東西嗎？還是我們做出的決定是由外部力量造成的？如果我們不能自由地隨心而為，這是否意味着我們不必為自己的行為負責？有些哲學家認為我們在任何時候都可以自由地做出自己的選擇，而另一些哲學家則認為自由選擇是一種錯覺。

是的，我是自由的

根據有些哲學家的說法，我們有自由意志，這意味着我們可以選擇按照自己的意願行事。二十世紀的法國思想家讓·保羅·薩特說，無論我們所處的環境如何，我們總是可以自由地選擇如何應對我們的環境。

我可以做任何我想做的事

想像一下，你是一個三重奏音樂小組的一員，所以你應該參加練習。小組的其他成員期望你參加練習，但是如果你有自由意志，你就有不參加練習的自由。

我對我的行為負責

薩特說，因為你有自由意志，所以你要為自己的行為負責。如果小組的其他音樂家因為你缺席而要求你離開小組，你就必須為這個結果承擔責任，因為你本來能夠做出不同的選擇。

法律與自由

世界上大多數法律制度都基於人們擁有自由意志，並且對自己的行為負責的哲學。這意味着人們必須承擔後果，並且可能被要求支付罰款或服刑。

不，我不是自由的

有些思想家說，我們不是自由的，一切都是由我們的環境預先為我們決定的或替我們選擇的。這些哲學家被稱為決定論者。十七世紀的荷蘭決定論者巴魯克‧斯賓諾莎說，自由意志是一種錯覺，我們所有的選擇都是命定的。

我要為我的行為負責嗎？

如果你曠課，你很可能會受到懲罰，並且被罰課後留校。但是如果一切都是命定的，而曠課並不是你選擇的，你是否應該為自己的行為造成的後果負責？根據巴魯克‧斯賓諾莎等哲學家的說法，因為你沒有自由意志，所以你無需為自己的行為負責。

我沒有選擇

如果你應該起床去上學，但是卻繼續睡覺，會發生甚麼呢？如果你沒有自由意志，相信決定論的哲學家會說這件事完全不在你的控制範圍內；因為你命定會曠課，所以你沒有選擇。

我是一名快樂的囚徒嗎？

大多數時候，我們感覺自己好像可以自由地作出選擇。我們可以選擇朋友，或者拒絕在用餐的時候吃蔬菜。但是如果出於某種原因，我們只有一種選擇而無法選擇相反的事情呢？有些哲學家認為，只有當我們能夠做出不同的決定時，我們才是自由的。

1 假設有一天早上你決定整天呆在房間裏。你擁有你需要的一切：食物、電視和廁所，所以你無需離開。

2 你沒有意識到你的門被卡住了，打不開。即使你想離開，你也無法離開。那麼你選擇留在房間裏仍然是一個真正的選擇嗎？

你怎麼看？

- 哪些事情是你不被允許做的？有充分的理由嗎？誰或甚麼在阻止你？
- 你認為有選擇的權利會給你帶來真正的自由嗎？
- 哪一件事是你希望你能做但實際上不能做的？像魚一樣游泳？穿越時間回到過去？

思想家：

約翰・洛克

十七世紀的英國哲學家約翰・洛克也是一位政治家。他對個人自由與政府的作用之間的關係感興趣。他認為社會應該保護人們的自然權利：生命、自由和財產。

自願選擇

約翰・洛克看到了自願行動和身體有自由去做某件事的區別。我們可能會想長出翅膀飛翔，但是我們無法改變自然規律。約翰・洛克總結道，雖然我們可能有自由意志，但是我們並不總是有自由。

我應該被允許說任何想說的話嗎？

　　沒有人能阻止你自由地在腦裏思考任何事情，但是如果你想大聲說出你的想法呢？例如，有的想法會冒犯其他人，是否應該被允許說出？許多國家或地區都有保護言論自由的法律，有些國家的法律將某些言論（例如仇恨言論）定為犯罪。

我們應該有言論自由嗎？

　　如果我們被允許說出任何我們想說的話，不管它們是冒犯性的說話，還是會導致暴力或犯罪的話，會發生甚麼呢？想像一下，有一個人教唆大家去破壞廣告牌，有些人因此做了這件違法的事。雖然教唆者並沒有參與這項犯罪行動，但那些人犯罪是因為他的言論，那麼他應該和那些人一起受到懲罰嗎？

我們應該禁止言論自由嗎？

　　我們是否應該禁止某些類型的言論以防止人們被冒犯呢？如果是這樣，界限在哪裏呢？不同的言論可能會冒犯不同的人。如果所有冒犯性言論都被禁止，那麼狗的主人可能會因為有人說不喜歡狗而感到被冒犯，因而報告警察將那個人逮捕。但是，這樣做公平嗎？

在甚麼情況下冒犯別人應該
被視為刑事犯罪？

你是否有權阻止
別人發表意見？

狗隻不
應存在！

此人公開教唆人們
破壞。

82

言論審查是可以接受的嗎？

如果我們開始禁止言論自由，就可能會導致審查，這時有權的人會禁止人們閱讀或觀看他們認為不合適的書籍、電影或其他媒體，例如兒童暴力電影。但是誰來決定應該審查甚麼呢？這樣會不會太嚴苛？如果一位政治人物有權力禁止不同意他的觀點的報紙和網站怎麼辦呢？

是否應該禁止兒童暴力電影？

你怎麼看？

- 你認為人們應該被允許說出不同立場的話嗎？
- 你有沒有說過一些你堅信的話，但是別人覺得被冒犯了？如果你被禁止再說這些話，你會有甚麼感覺？

思想家：

約翰·斯圖亞特·穆勒

約翰·斯圖亞特·穆勒是十九世紀的英國哲學家，他認為人們應該有追求幸福的自由，前提是不妨礙他人的幸福。他是婦女投票權的堅定支持者，他還反對奴隸制，並且捍衛言論自由的權利。

言論自由

約翰·斯圖亞特·穆勒認為言論自由是社會進步和發展所必需的。在許多國家，人們為了他們關心的事情或反對他們不同意的事情，通過抗議和遊行來行使他們的言論自由權利。

思考「平等」有甚麼用？

世界各地的人都生活在羣體或社會中。自古以來，哲學家們一直在辯論甚麼是最佳社會形式，討論諸如法律能否保護我們的權利，以及我們如何平等地對待他人等問題。有關平等的理論可以指導我們以不傷害他人的方式行事，並且可以幫助我們確定權利的界限。最近，哲學家開始思考動物的平等權利，以及人類在總體大環境中的位置。

我們應該如何對待他人？

　　僅僅因為某人與你不同，這是否意味着他應該受到不同的對待？二十世紀的法國思想家西蒙娜・德・波伏娃說，當我們想到自己是甚麼人的時候，我們往往也會想到自己不是甚麼人，她稱之為「他者」。在許多社會中，被視為「他者」的人經常面臨各種歧視，例如種族主義、性別歧視或能力歧視。

1 如果一羣外星人來到地球，而人類不得不與他們共享地球，那會發生甚麼事情？外星人與人類有很大的不同，但是他們彼此也不完全相同。如果人類開始將自己定義為「非外星人」，並且將外星人視為「他者」，會發生甚麼呢？你認為外星人會受到怎樣的對待呢？

因為這位外星人不是人類，所以沒有得到一份高薪工作。

2 人類是主導羣體，他們控制着外星人的機會。有時，有足夠多的具有相似特徵的人聚集在一起，形成一個比其他羣體都強大的羣體，然後他們就可以拒絕將機會給予被他們視為「他者」的羣體。

3 人類可能會為那些為了融入人類社會而拒絕了全部或部分自己文化習俗的外星人提供一些機會。有時，主導羣體試圖通過鼓勵或強迫其他羣體接受他們的文化習俗來消除其特質和差異。

這位外星人採用了人類的着裝習俗，這是因為按人類習慣着裝會使他得到比較好的機會。

南非的種族隔離

在二十世紀中葉，由白人領導的南非政府引入了種族隔離制度。這是一種壓迫南非的非白人公民的制度，迫使他們與白人公民分開生活而不是互動。那時候，有些公共場所用南非語和英語標示着「僅限白人」。

在這場棒球比賽中，地球人和外星人各自按照自己的技能擔任最能發揮自己特長的角色。

4 如果人類接受並欣賞外星人的特質，會發生甚麼事情？二十世紀的法國哲學家伊曼努爾·列維納斯說，我們不應該因為他們的差異而區別對待他們，而是應該承認和讚美這些差異，因為正是差異使我們每個人都是一個獨特的人。

你怎麼看？

- 你有否將自己與其他人比較以確定你是甚麼人或你不是甚麼人？
- 你如何對待不像你的人？
- 你看見過或經歷過他者歧視嗎？

我們應該如何對待他人？

世界上有數十億人，每個人都有自己的需求，我們如何確保每個人能都得到平等的對待呢？平等究竟是甚麼意思呢？有人可能會說，如果每個人都得到相同的工具，那就是平等。但這是否公平呢？為了實現同樣的目標，也許不同的人需要不同的工具才能取得成功。

1 平等是否意味着每個人都使用相同的工具？在一個平等的世界裏，超市裏的每個人都能使用大小相同的椅子，以便拿取最上層貨架上的物品，但是孩子和坐輪椅的人卻仍然拿不到那麼高的物品。

這個人很高，能拿到最上層貨架上的物品，因此他並不需要使用椅子。

即使站在椅子上，這個孩子還是太矮了，無法拿到最上層貨架上的物品。

椅子對坐輪椅的人毫無用處。

2 如果為每個人提供適合他們的工具呢？一個兒童高腳椅和一個供坐輪椅的人使用的坡道使每個人都能拿到最上層的貨物。根據每個人的情況為他們提供合適的工具被認為是公平，這意味着每個人都可以獲得相同的機會。

3 如果將貨架放低，那麼這些人就不需要椅子或坡道了，都可以在沒有幫助的情況下拿到貨架上的物品。消除了高度障礙這個不平等的根源後，每個人都能得到同樣的待遇。

思想家：
瑪麗・沃斯通克拉夫特

縱觀大多數有記載的歷史，女性一直被視為不如男性。在十八世紀，英國作家和哲學家瑪麗・沃斯通克拉夫特對這一觀念提出了挑戰，成為最早提倡男女平等權利的女性之一。

婦女選舉權

瑪麗・沃斯通克拉夫特是女權的熱情支持者。她是最早主張女性應該有投票權的人之一。她的思想對十九世紀後期的婦女選舉權運動起了促進作用。

我們需要一位強而有力的領導者嗎？

十七世紀的英國思想家托馬斯·霍布斯認為，人的本性是自私和暴力的。如果沒有法律以及強而有力的領導者維護法律，人們就會為所欲為，而不考慮他人的福祉。托馬斯·霍布斯認為這會導致混亂和動盪。

領導人應該由選舉產生嗎？

十七世紀的英國哲學家約翰·洛克認為，應該由民眾決定誰來管理他們以及誰有權力制定和維護法律。今天在許多國家，領導者是通過民主選舉決定的。

在民主國家，人們投票決定誰有權領導他們和制定法律。

誰應該擁有權力？

你會選擇生活在一個沒有規則、結構鬆散、完全自由的社會中，還是願意生活在一個由領導者治理的社會中？為了在社會中生活，有時我們放棄一些自由以換取其他利益，例如安全和保障。為了確保我們免受傷害並且維持基本生活水平，我們同意遵守社會的領導者制定的法律。但是我們如何決定誰有權力制定這些法律呢？

我們應該自己管理自己嗎？

　　十八世紀的法國思想家讓‧雅克‧盧梭認為，人的本性是善良的，文明社會阻礙了人們的自由生活。他認為，統治者制定法律是為了保護他們自己的財產，而不是保護民眾的利益。他建議民眾應該直接控制政府，這樣他們就可以根據「公意」（共同利益）制定法律。

孔子

　　孔子是中國哲學家，出生於公元前551年。他當學生的時候就非常努力，後來升任魯國的大司寇。他周遊列國，傳播他的思想，並且教導社會各階層的人都應該以德為本，以誠待人。

在十八世紀，讓‧雅克‧盧梭的思想啟發了法國大革命的領導者去推翻君主制。

以身作則

　　孔子說統治者應該以身作則，而不只是發號施令。例如，一個關心保護環境的好統治者可能會幫助他的臣民植樹。

你怎麼看？

- 如果沒有規則或法律強制人們以某種共同認可的方式行事，你認為人們能夠和平相處嗎？
- 生活在一個由法律和政府管理的社會中是否有好處？
- 如何設計一個對每個人都好的社會？

這位國王正在植樹，以鼓勵其他人也這樣做。

我們應該讓事情變得公平嗎？

世界上有些人有很多財富，他們很幸運，但是也有很多人很窮，生活很艱難。如果我們有能力改變世界，會不會讓自己擁有比別人更好的機會呢？我們會讓事情變得對每個人都公平嗎？如果我們不能預知命運，這會不會改變我們的想法？

1 舉個易理解的例子，想像你要負責選擇班際表演的劇本，你很想扮演一個有很多台詞的主要角色，但是老師在你選好劇本之前不會透露你將要扮演的角色。

2 第一個劇本只有一個主角。如果你選擇了這個劇本，另一位同學就很有可能獲得主角，而你很有可能只得到一個小合唱配角。你會冒着得到小合唱配角的風險而選擇這個劇本嗎？

如果你選擇了第一個劇本，你就很有可能會演一個小角色。

3 第二個劇本中，每個角色的台詞和表演時間都差不多。如果你選擇第二個劇本，你和你的同學都將得到平等的小角色。你是否願意與其他人平等地分享觀眾的目光呢？

你怎麼看？

- 你認為每個人在生活中都應該有同樣的機會嗎？
- 你認為目前的情況對每個人都公平嗎？你能想到一些不公平的事情嗎？
- 如果由你決定，你將如何使事情對每個人都公平呢？

在第二個劇本中，每個人都將演平等的角色。

模糊面紗

右面顯示的場景基於二十世紀的美國哲學家約翰‧羅爾斯提出的「模糊面紗」或「無知之幕」的思想實驗。約翰‧羅爾斯認為，如果我們有能力建立一個世界，並且在進入世界之前不知道我們的社會地位和能力，我們很有可能選擇平等地分配財富和機會。

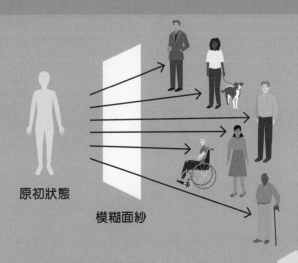

原初狀態

模糊面紗

我應該做慈善捐贈嗎？

大家通常認為慈善捐贈是一個善舉，但是世界上有那麼多人需要幫助，我們如何決定幫助何人，以及幫助到甚麼程度為止呢？這個問題被稱為慈善的「擴大圈」（擴大範圍）。當代澳洲哲學家彼得·辛格在一項關於溺水者的思想實驗中討論了此問題。

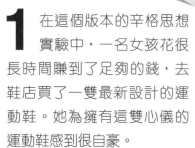

1 在這個版本的辛格思想實驗中，一名女孩花很長時間賺到了足夠的錢，去鞋店買了一雙最新設計的運動鞋。她為擁有這雙心儀的運動鞋感到很自豪。

男人溺水了，沒有其他人可以幫助他。

2 在回家的路上，這名女孩發現河裏有一個溺水的男人。她可以很容易地扔一個救生圈來救他，但是為了做到這一點，她將不得不冒着弄髒新運動鞋的風險。

3 彼得·辛格認為，大多數人會認為人的生命比運動鞋更有價值，並且認為這名女孩在不把自己置於危險之中的情況下，有責任救那個男人。

這名女孩的運動鞋現在被泥土毀了。

4 彼得·辛格論證道，如果我們有責任幫助與我們親近的人，那麼我們當然也應該將此舉延伸到那些和我們不太親近的人，甚至是遠隔重洋的人，但是這個善舉擴大圈的範圍應該到哪裏為止呢？

這名女孩很容易幫助附近的人。

世界的另一端有一名男孩也同樣需要幫助。

真實世界

有效的改善

做慈善也可以是幫助人們獲得他們需要的東西，而不僅僅是捐款。在清潔水有限的地區，安裝地下水泵可能是幫助人們的一個好辦法。

我們應該平等地對待動物嗎？

在過去的一個世紀裏，我們對人類與動物關係的看法發生了巨大的轉變。這種轉變的核心是：動物是否應該在不受干預的情況下自由地生活。那麼動物是否應該擁有與人類相同的權利呢？如果不應該，那它們應該擁有甚麼權利呢？

生物機器

過去，人們認為人類與動物不同，人類優於動物。十七世紀的法國哲學家勒內·笛卡爾認為動物是低等的生物機器。但是在十九世紀，生物學的進步表明人類只是另一種動物，因此人們的觀點開始發生了變化。

動物權利與人權

有些哲學家認為，如果是為了預防動物傷害人類，傷害動物是可以接受的。動物可能有一定的權利，但是人類也有健康和安全的權利。那麼，人類的權利比動物的權利重要多少才合適呢？

是否可以在動物身上測試人類醫學療法？

所有動物都是平等的嗎？

當貓、狗或其他哺乳動物受到傷害時，許多人會感到不安，但是大多數人不介意消滅蟑螂。哲學家認為，哺乳動物、鳥類和其他一些動物有意識，而昆蟲等動物可能更接近於生物機器。但是目前人們還沒有就哪些動物會有痛苦的感覺達成一致。

愛貓人士可能把拍蒼蠅看得很平常。

動物有權利嗎？

　　有些哲學家不認為動物有權利。為了支持這一觀點，他們提出了一個權利伴隨着義務的論點，也就是說，我們要求別人做甚麼時，首先我們自己本身也願意這樣做。老虎不明白吃其他動物是錯誤的，所以它們也不應該擁有相應權利。

動物應該有自由嗎？

　　我們是否有責任保護動物，即使這將限制它們的自由？為寵物提供庇護是否比讓它們在野外得到自由更好？有些動物不被人工飼養可能會滅絕。例如，圈養的熊貓不會被偷獵，因此比在野外自由放生的熊貓更安全。那麼我們應該為了安全而限制它們的自由嗎？

為甚麼要拯救瀕危物種？

　　當一種動物面臨滅絕的危險時，我們試圖通過保護它們的棲息地和減少人類的干擾來拯救它們。但是我們仍然會為了獲得肉類和其他產品而飼養動物。為甚麼我們會優先考慮一種動物而不是另一種動物呢？例如，為甚麼熊貓或老虎的生命比食用的農場動物的生命更重要呢？

你怎麼看？

- 如果你有寵物，你對待它會比其他動物好嗎？
- 在動物身上測試化妝品等產品是否合適？
- 我們可以穿動物皮毛嗎？穿皮鞋呢？
- 動物被圈養的生活是否比在危險的野外生活得更好？

非洲森林象

中南大羚

遠東豹

牛

豬

綿羊

我們可以吃肉嗎？

世界上許多人出於很多不同的原因不吃肉，例如健康或宗教信仰。還有一些出於道德原因的素食者認為吃肉是完全錯的。當代哲學家彼得·辛格認為，動物能感覺疼痛，而正是牲畜遭受的痛苦使人們轉向素食主義。

1 彼得·辛格認為，為有意識的動物帶來不必要的痛苦是不對的。動物能像人類一樣感受疼痛。為肉類和其他產品而養殖和殺死動物會導致動物受苦。他認為人類有其他選擇而不必吃肉，所以食用被飼養的動物是錯的。

真實世界

自由放養

有些雞蛋等動物產品在市場上出售時聲稱是以自由放養的方式生產的，也就是說，生產它們的動物沒有被關在籠子裏。但是這些動物的自由度也是有差異的。有些被自由放養的動物與籠子裏的動物一樣受苦。

2 彼得·辛格支持素食主義的觀點，也支持素食主義，也就是不吃任何動物產品的做法，包括雞蛋和牛奶，這是因為生產這些產品的動物會受苦。例如，乳製品行業的奶牛通常最終會患痛苦的疾病。

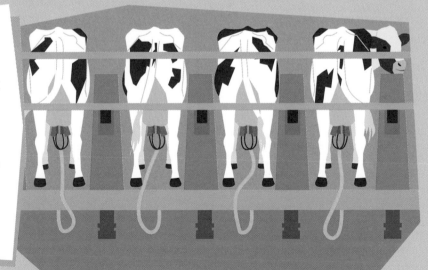

3 有些哲學家不同意彼得・辛格的觀點，他們指出，吃肉可以給許多人帶來極大的快樂，而這種快樂超過了對動物造成的傷害。還有人說，如果每個人都停止吃肉，許多農場動物就不會出生。但是，痛苦地生活而且最終被吃掉一定比根本不出生好嗎？

4 另一個反對吃肉的觀點着眼於吃肉對環境的影響。畜牧業對環境的破壞比種植業大得多。例如，動物排泄物和排泄的氣體會加速全球暖化。那麼，當人們可以有另一種危害較小的生活方式時，養殖動物是否是對的？

為了給放牧動物騰出土地，森林被砍伐。

大量的水被用於飼養農場動物。

動物會產生大量的甲烷。甲烷是一種造成污染的溫室氣體。

為甚麼環境很重要？

在十九世紀後期以前，人類一直認為自己存在於自然之外，認為自己優於所有其他一切，其他一切僅作為人類使用的資源而存在。許多人認為，我們今天面臨的環境問題是這種以人為本的心態的後果。但是環境真的重要嗎？為甚麼？

人類中心主義

人類中心主義認為大自然的存在是為了服務人類，這個觀點已經不像以前那麼普遍了。今天大多數人比以前有了更長遠的眼光，想保護環境，使人類能夠繼續存在。

「像山那樣思考」

二十世紀的美國哲學家奧爾多・利奧波德說，我們應該「像山那樣思考」，應該了解動物、植物和棲息地是如何相互關聯的。即使你只改變一件事，但是整個生態系統都會受到影響。

深層生態學

　　二十世紀的挪威哲學家阿恩・內斯也是一位深層生態學家。深層生態學提出了一種新的方式來看待人類與自然的關係,認為環境問題的根源在於人性本身。

1 所有人類和非人類生命都有價值,而生命形式的多樣性是這種價值的一部分。人類無權減少這種多樣性,除非為了滿足人類的基本需要。

2 人類對自然的干擾已經到了臨界水平,而且正在惡化。如果這種干擾繼續下去,人類和非人類生命就無法繼續繁衍。

砍伐森林不僅會影響植物的生命,還會破壞動物的棲息地。

3 政府必須改變對環境有害的政策。我們應該力求提高生活的質量,而不是追求更多的財富和舒適度。

城市應該與周圍的環境和諧相處。

思考「思考」有甚麼用？

我們經常把思考說成是發生在我們心靈中的事情，但並不總是很清楚心靈是甚麼，以及它是否與大腦不同。關於心靈的哲學問題在心理學和神經科學等學科中很重要，在人工智能的研究和發展中也很重要。哲學還可以讓我們更好地思考問題，幫助我們提出有效的論證，並且識別似是而非的論證。

心靈是靈魂嗎？

心靈是一個相當現代的概念。古希臘哲學家柏拉圖認為，有一種叫做靈魂的東西使我們的身體充滿活力。他相信靈魂是不可摧毀的和永生的。柏拉圖的思想成為許多宗教的核心。

甚麼是心靈？

作為人類，我們思考和感受，進行計算，有希望，也有恐懼。我們用感官體驗世界，並且將這些感覺儲存在記憶中。我們說這些活動發生在心靈中，但究竟甚麼是心靈呢？

我的心靈在我的大腦中嗎？

許多哲學家在大腦中尋找心靈的解釋。他們沒有將心靈視為獨立的器官，而是認為心靈與大腦有關，並且是一種沒有身體就無法存在的物質形式。

心靈是行為嗎？

或許將心靈視為一個「東西」是錯誤的。也許，心靈體現在我們的「行為」。一羣被稱為行為主義者的二十世紀哲學家認為，所有的心理活動都可以歸結為行為。他們將心靈視為行為我們表現的一系列，而不是本身存在的一個東西。

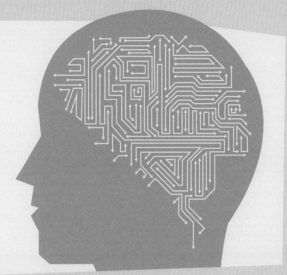

心靈是「流」嗎？

我們心中的念頭總是在變化。我們的注意力可能會從感覺轉移到記憶，然後再轉移回來。也許心靈可以被看作是一個過程或一個流動的心理活動，各種念頭在其中不斷出現和消失。

心靈是否存在？

有些現代思想家認為，我們認為在心靈中產生想法和念頭實際上不存在，這些想法和念頭只是大腦內發生的化學反應的結果。

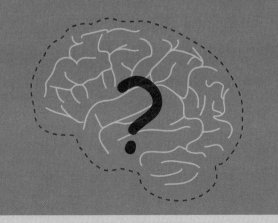

真實世界

神經科學

研究大腦的學科被稱為神經科學，它研究當我們有體驗時大腦如何作出反應，但是它可能永遠無法檢驗擁有這些體驗的感覺。

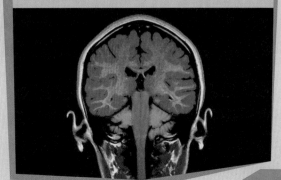

我的心靈在哪裏？

我們的思想、感受和記憶在哪裏呢？我們用大腦來思考和感受，但思想不是大腦中的物質實體，至少不是像汽車或這本書那樣的物質實體。如果心靈的精神內容不是物質世界的一部分，那麼心靈在哪裏呢？

漂浮的人

十一世紀的伊斯蘭哲學家伊本·西那認為，人的心靈，也就是他認為的「靈魂」，是獨立於身體的。在一項思想實驗中，他想像一個人漂浮在空曠的空間中，沒有從他的感官獲得外部世界或自己身體的任何信息。伊本·西那說，這個人仍然會認為自己是「我」，儘管他無法將「我」與肉體聯繫起來。

從心靈到身體

如果心理活動是獨立於身體的，那麼我們如何將「我想踢這個足球」的想法轉變為身體做出踢球的行動？這個問題困擾了哲學家幾個世紀，被稱為心身問題。

機器中的幽靈

二十世紀的英國哲學家吉爾伯特·賴爾反對心靈獨立於身體這一觀點。他說，所謂的心靈只是大腦的功能而已，因此，說心靈控制着身體就像說某種幽靈控制着工廠裏的機器一樣。

成為蝙蝠是一種甚麼體驗？

這個問題是二十世紀的美國哲學家托馬斯・內格爾提出來的。他說，無論我們對蝙蝠的大腦有多深入的了解，我們永遠也不會知道成為一隻在空中飛行的蝙蝠究竟是甚麼感覺，所以這種感覺一定存在於蝙蝠大腦的生理過程之外。

精神屬性

有一種關於心靈與身體的關係的理論是，大腦有兩種屬性，一種是物理屬性，例如大腦的表面有皺摺，還有一種是精神屬性，例如體驗到的感覺。這個理論被稱為屬性二元論。

尺寸

形狀

顏色

情緒

感覺

記憶

為何我們要有感覺？

當代澳洲亞哲學家大衞・查爾默斯曾經指出，無論心靈存在於何處，也不能解釋為甚麼心靈會有體驗。例如，當你撞到腳趾時感到疼痛，但這與我們有甚麼關係呢？為甚麼聞花的時候大腦會感覺到香味？

你怎麼看？

- 你的心靈是你的身體的一部分嗎？
- 如果你失去了一部分身體，這是否意味着你失去了一部分心靈？
- 如果你能製造出一對讓你飛行的翅膀，用它們飛行的感覺會不會和蝙蝠飛行的感覺一樣？

我能知道你在想甚麼嗎？

我們能真正地知道別人的思想和感受嗎？別人的思維過程與我們的一樣嗎？還是他們甚至沒有在想事情？我們看到他人的行為與我們的行為相似，因此假設他人的思想和感覺與我們相同。但是我們無法真正地知道他們的心裏發生了甚麼，這在哲學中被稱為「他心問題」。

1 當你快樂時，你可能會微笑。因此，當你看到一個人微笑時，就會假設他很快樂，這是有道理的。你對他的感受的想法是基於他的行為。

「我很快樂！」

「我很難過，但是我不想讓我的朋友知道。」

2 但是有可能這個人用微笑來隱藏別的感受。他可能是假裝微笑。因此他人的行為並不總是能確切地表明他人的感受或想法。

3 如果行為不能讓我們確切地了解他人的感受和想法，那麼我們是否有可能知道他人在想甚麼？

哲學僵屍

當代澳洲哲學家大衞・查爾默斯想像了「哲學僵屍」的存在。這些生物看起來和行為都像正常人，但是他們根本不思考，頭腦裏面沒有任何思想。

我們看不到別人的心思，那我們如何確定他們是不是哲學僵屍呢？

4 試想像一個紅色物體。有沒有辦法知道你所看見紅色時的體驗與他人看見紅色時的體驗是否是相同的？你或他人有可能是色盲，但即使不是，你也不可能進入他人的腦海來確定你與他的體驗是否相同。

你　　　　　　　他人

5 二十世紀的奧地利及英國哲學家路德維希‧維特根斯坦認為，語言提供了一種考察他心問題的方法。紅色的物體一定有一些共同之處，所以人們才能就「紅色」這個詞的含義達成一致。同樣，必需有其他人，語言才有用。這表明世界上存在其他能夠思考的人。

紅色　　　　　　　紅色

你怎麼看？

- 你如何判斷其他人的感受？是通過觀察他們的行為嗎？
- 如果一個人發出「哎喲」的聲音，你如何知道他是否感到疼痛？
- 機械人能假裝有思想嗎？

你　　　　　　　他人

機器能思考嗎？

電腦會變得先進到可以像人類一樣思考嗎？科幻小說中有許多機械人和行為像人的機器。隨着技術的進步，工程師能夠製造更複雜的機器。那麼未來的機器會不會有情感呢？會不會在沒有接到命令的情況下自主行動呢？有些思想家相信這些都是可能的。

287 × 265
= 76055

564 + 927
= 1491

機器能夠有智能嗎？

一羣被稱為功能主義者的二十世紀哲學家認為，機器是如何製造的並不重要，重要的是機器的功能。他們將機器的智能，例如數學計算能力，視為機器的一種功能。如果一台機器可以智能地執行任務，那麼根據功能主義者的說法，它就有智能。

圖靈測試

英國電腦科學家艾倫・圖靈在二十世紀五十年代設計了一項測試，以表明機器在某些情況下可能會被認為會思考。這項測試檢驗電腦是否表現出智能行為。如果一台電腦能欺騙一個人，讓這個人相信它是人類，那麼它就通過了測試。

電腦被編程，來模仿人類回答問題。

人和電腦都得到同樣的測試問題。

如果考官無法區別人類和電腦的答案，則電腦程式就通過了圖靈測試。

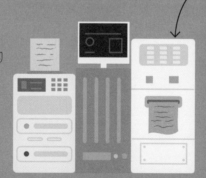

人類參與者正常回答問題。

機器有可能像人類一樣做白日夢嗎？

弱人工智能與強人工智能

　　人工智能是機器表現的智能，哲學家將其分為強弱兩種。弱人工智能是通過編程表現得像人類的機器，它們已經存在於家庭助理等現代技術中。但是有些思想家認為，未來可能出現強人工智能，它們是一種擁有自己思想的機器。

是甚麼讓我們與電腦不同？

　　從前我們很難相信造出有思想的機器的可能性，但為甚麼不能呢？是不是因為機器是人造的，而人類不可能造出有思想的事物？人類本身是按生物學、化學反應等科學原理，通過進化過程被「製造」的。如果機器不能做夢，不能有內心生活，那我們為甚麼就能呢？

機械大腦

　　功能主義者認為，如果心理活動只是大腦的一種功能，那麼心理活動就有可能發生在一個由與我們的大腦不同的材料製成的大腦中。如果將來我們能夠製造一個與人類大腦完全相同的機械大腦，它是否能夠像人類一樣思考呢？

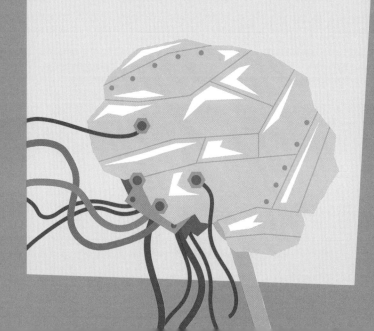

你怎麼看？

- 你相信電腦有朝一日會擁有與人類相同的智能嗎？
- 由金屬和電線製成的大腦有可能會有思想嗎？
- 如果一台機器表現得好像有理解力，那麼它是否真的有理解力很重要嗎？

機械人有理解力嗎？

　　會思考的電腦這種設想是令人興奮的，但是如果這樣的機器存在，那麼它們內部究竟是甚麼樣的呢？人類創造的人工智能真的可以被認為有理解力、有意識嗎？許多人認為，雖然機器看起來像是在思考，但它們實際上不可能有任何理解力。

1 當代美國哲學家丹尼爾・丹尼特認為，如果我們說一台電腦是智能的，那是因為我們不知道它是如何被編程的。一旦我們了解了它的程式，我們就不能說它「知道」如何下棋。

下棋的機械人遵循一組程式指令。

2 在當代美國思想家約翰·塞爾的思想實驗「中文房間」中，一個對中文一竅不通、只會說英語的人坐在辦公桌前，使用一本用英文寫成的手冊來用中文回答問題。這個人代表電腦的中央處理器，這本手冊就是它的程式。這項實驗旨在表明電腦並沒有真正的理解力。

這個人把中文問題傳給房間裏的人。

閱讀答案的人會以為房間裏的人懂中文。

房間裏的人使用手冊用中文回答問題。

3 有人對上述「中文房間」的結論提出反對意見：如果將那個人帶出房間，他就可以在現實世界裏用這種方法學習中文字的含義。因此，也許通過與世界的互動，機械人將能夠學懂程式中輸入和輸出信息的含義。

真實世界

會學習的機械人

　　機械人索菲亞於 2016 年首次啟動，這是一款旨在通過分析它與人類的對話來逐漸學習的機械人。索菲亞可以用面部表情和預先編好的程式作出反應，因此給人一種有理解力的錯覺。

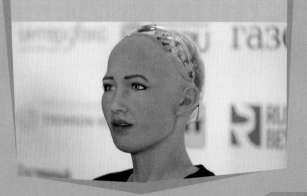

文字的意義是甚麼？

當你說「狗」這個字的時候，它到底是甚麼意思呢？文字是如何與事物聯繫在一起的？一個字的意義是它所指的事物嗎？字本身究竟有沒有意義？你可能會認為最後一個問題的答案是「有」，但是在過去一個世紀研究語言哲學的許多思想家卻持相反的觀點。

文字是符號

早期的語言哲學家認為文字本身沒有意義，而更像是代表一件事物或一個想法的符號。如果你了解其中的聯繫，你就知道文字指的是甚麼事物或想法。而對於你不懂的語言，你就不知道這種語言的文字與它們所指的物體或想法之間的聯繫。

「狗」＝

「狗」

描畫世界

根據路德維希・維特根斯坦早期著作中的說法，語言的目的是建構世界，而世界是由事實組成的。語言就像一部照相機，讓我們能夠交流世界中的事實。路德維希・維特根斯坦說，蘊含觀點或判斷、不在描述世界的句子，是沒有意義的。

貓坐在
墊子上。

這隻貓是
一隻好貓。

路德維希・維特根斯坦說，如果一個語句無法被圖像化，它就是沒有意義的。

語言遊戲

維特根斯坦在他後期的著作中說，語言的意義在於使用。他說，我們使用語言就像玩遊戲，需要知道說話者的遊戲規則。如果有人大聲喊：「水！」，那麼這個詞的含義因情況而異。

語言是用來交流的

想像一個人用你不懂的語言指着一隻兔子，說：「嘎哇蓋」。你能明白他的意思嗎？即使排除其他意思，例如「哺乳動物」或「晚餐」，你也並不能完全確定他的意思就是「兔子」，說不定他的意思是「由兔子不同部分組成的物件」。二十世紀的美國哲學家威拉德·馮奧曼·奎因認為，這並不重要，只要你們都能用這個字詞交流。

思想家：
路德維希·維特根斯坦

二十世紀奧地利及英國哲學家路德維希·維特根斯坦對文字和它們的意義的研究改變了我們對語言的看法。在他的早期著作中，他提出了語言描畫論。但是多年後，他否定了這項早期的工作，而是認為語言是一種交流工具。

家族相似性

有些字詞，例如「遊戲」，有多種含義，但是沒有任何單一意思能形容所有被稱作「遊戲」的事物。路德維希·維特根斯坦說，各種「遊戲」之間有「家族相似性」。例如，遊戲之間各有共通點。

甚麼是好論證？

哲學中的論證不是爭吵，而是作出一系列陳述，並且由此得出結論。這些陳述被稱為前提，是為了引出結論而提出的。一個人進行論證時，要麼證明結論為真，或是很可能是真的。但是我們如何判別一個論證是否比另一個論證好呢？

演繹論證

如果有人試圖證明一個論證的結論一定為真，那麼他們就是在進行演繹論證。一個好的演繹論證必須是有效的（從前提出發按照演繹規則必能得出結論）和可靠的（有效的並且前提是真的）。

前提是支持結論的陳述。

結論必須按照演繹規則從前提得出。

在有效的演繹論證中，如果所有前提都為真，則結論必為真。但是有時候即使前提不是真的，但論證也可能是有效的。

所有狗都是哺乳動物。

+

所有臘腸狗都是狗。

=

所有臘腸狗都是哺乳動物。

所有前提都為真的有效論證就是可靠的論證。反過來，如果一個論證是無效的（結論不能按照演繹規則從前提得出），或者至少有一個前提不是真的，那麼這個論證就是不可靠的。

豬是動物。

+

所有動物都會飛

=

豬會飛。

這個前提不是真的，所以這個論證是不可靠的。

這個論證仍然是有效的，這是因為按照演繹規則從前提必能得出這個結論。

演繹錯誤

正確地構建演繹論證很重要。有些論證的所有前提都為真，乍看似乎是有效的，但是它們的結論不一定為真，這是因為這些論證包含謬誤，也就是推理錯誤，因此不是有效的。

如果這個女孩是雙胞胎中的一個，那麼她就有兄弟或姐妹。

+

這個女孩不是雙胞胎中的一個。

=

所以這個女孩沒有兄弟或姐妹。

這個結論不是來自第一個前提「如果這個女孩是雙胞胎中的一個，那麼她就有兄弟或姐妹」，而是來自這個前提的反面。

如果今天早上下過雨，街道就會是濕的。

+

街道是濕的。

=

所以今天早上一定下過雨。

這個結論是通過將第一個前提「如果今天早上下過雨，街道就會是濕的」中的兩段語句不當交換而得出的，而街道潮濕有可能是其他原因造成的。

歸納論證

如果有人試圖舉例來證明某個論證的結論很可能是真的，那麼他就是在進行歸納論證。科學家一直在使用歸納論證，如果重複的實驗得出了相同的結果，那麼下一次實驗很可能也會有相同的結果。歸納論證不是有效論證，但是我們可以判斷歸納論證是強的還是弱的。

每當我在晴朗的夜晚向外眺望，我就看到了滿天繁星。

+

今晚將是一個晴朗的夜晚。

=

今晚我將會看到滿天繁星。

前提中的「每當」意味着很多次實踐無一例外，為結論提供了強有力的證據。

我遇到過兩隻貓。

+

我遇到過的每隻貓都不喜歡我。

=

我遇到的下一隻貓不會喜歡我。

這個論證很弱，這是因為它僅依賴於兩次與貓相遇的證據。

辨別壞論證

由於有些類型的壞論證經常重複出現，因此人們將它們歸納在一起並且予之命名。這些錯誤推理的例子被稱為謬誤。下面是一些最常見的謬誤。在辯論中，有時人們的論證中有謬誤而並不自知，也有人故意用似是而非的謬誤論證使人們相信他們的觀點。

人身攻擊

當有人通過攻擊一個人的外表或性格來反對一個人的想法時，他們就可能犯了人身攻擊的謬誤。「當你穿着這件衣服時，我們怎麼能相信你說的話」是一個自問自答的謬誤論證。

滑坡

滑坡謬誤不合理地使用一連串的關聯，導出一個嚴重的後果，但實際上這些關聯之間並沒有必然的因果關係。例如，有一名學生說：「如果我明天的第一場考試不及格，那麼我就可能一整年都考試不及格，以後我就永遠也找不到好工作。」

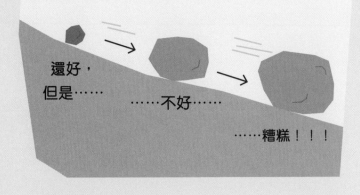

還好，
但是……

……不好……

……糟糕！！！

攻擊稻草人

有時人們會曲解對方的論點，轉而攻擊假想的對手。例如，一名少年可能會說：「你想讓我學習，不讓我和朋友出去玩？你為甚麼這麼討厭我的朋友？」這種謬誤被稱為攻擊稻草人。

擊敗一個稻草人並不能幫助你贏得原來的論證。

偽兩難推理

「我們要麼去電影院，要麼出去吃飯。」這是一個偽兩難推理的例子。說話的人只提出了兩種選擇，但是還有其他選擇，例如，可以不出去。有時候提出偽兩難推理可能會對你的論證有利，尤其是在有太多選擇的情況下。

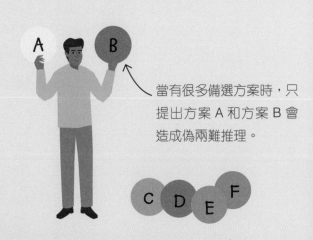

當有很多備選方案時，只提出方案 A 和方案 B 會造成偽兩難推理。

後此謬誤

意思是在此之後，因而必然由此造成。僅僅因為一件事發生在另一件事之前，就想當然地認為前者是後者的原因，這被稱為後此謬誤。公雞早在日出之前就開始鳴叫，但是如果說公雞鳴叫導致了日出，就犯了後此謬誤。

你怎麼看？

- 是否曾經有人使用這些謬誤來反對你？
- 你曾經使用過這裏描述的謬誤嗎？你是有意這樣做的嗎？
- 對於這裏描述的每種謬誤，你能想出不同的例子嗎？

訴諸權威

當有人請出專家來說服你相信他的論證時，你就需要注意對方是否犯了訴諸權威謬誤。這位專家真的對你們討論的問題有所了解嗎？這位專家是否有可能有偏見？你最好調查一下這位專家與所提出的論證之間的聯繫。

如果一位科學家為某家公司工作，你能相信她對那家公司的評價嗎？

悖 論

有時論證會導致前後矛盾，或似乎違背常識，但很難準確地說出哪裏出了問題。這種論證被稱為悖論。古希臘埃利亞學派的哲學家芝諾提出了許多悖論。例如，他提出的飛矢不動悖論是這樣的：在任何一個瞬間，飛行中的箭頭都處於特定位置，沒有移動。那麼箭頭怎麼會移動呢？

如果你查看任何一個瞬間，箭頭似乎都沒有移動。

歷史上的哲學家

從研究宇宙是由甚麼構成的，到指導人們如何過上美好的生活，自古以來，哲學家一直在努力揭示關於世界和我們的存在真相。歷史上眾多哲學家的工作影響了我們今天的思維方式，這條時間線上的哲學家只是他們中間的一部分。

泰勒斯

這位希臘哲學家的著作沒有流傳下來，但是我們從歷史文獻中知道，他是第一位問「宇宙是由甚麼構成」的人之一。他認為宇宙是由水構成的。

公元前約624年-548

德謨克里特斯

這位希臘哲學家研究宇宙的結構單元，認為萬物都是由不可再分的物質微粒（他稱之為原子）構成的。他是最早提出這一假設的人之一。

蘇格拉底

我們對這位希臘哲學家的了解都來自他的學生柏拉圖的著作。蘇格拉底通過辯論來挑戰他人的觀點，尋求真理。他的質問方法被稱為蘇格拉底反詰法。

公元前約460年-370年　　公元前約470年-399年

柏拉圖

希臘哲學家柏拉圖創立了第一所學院，它是類似於大學的機構，為偉大的思想家們提供辯論場所。他關於存在、知識、心靈和社會的思想成為西方思想的核心。

亞里士多德

希臘思想家亞里士多德開創了使用實證來發展理論的方法，而不是只用推理。他在一生中寫了200多本書。

公元前約429年-347年　　公元前約384年-322年

釋迦牟尼佛

根據佛教傳說，這位南亞哲學家在一棵菩提樹下冥想時，獲得了靈性開悟。他被稱為佛陀，並且教導人們如何避免痛苦。

公元前約563年-483年

孔子

中國思想家孔子大半生都在周遊列國（都屬於現代的中國），教導人們如何做到有德有禮，互相尊重。他的思想對中國社會產生了深遠的影響。

公元前551年-479年

巴門尼德

在探索宇宙物理本質的過程中，希臘思想家巴門尼德認為，「無」是不可能存在的，因此，一切都是存在的，並且是永恆不變的。

公元前約515年

迪奧蒂瑪

希臘思想家迪奧蒂瑪出現在其他哲學家的著作中，她就愛情問題進行了辯論。她認為，愛的意義在於尋找靈感和美。

公元前5世紀

莊子

中國思想家莊子最著名的是他夢見自己是一隻蝴蝶的故事，他將理性思考融入輕鬆的故事中，用來表達嚴肅的哲學觀點。

公元前約369年-286年

肯迪

伊拉克哲學家肯迪想要找到哲學與伊斯蘭教之間的聯繫。他是最早將古希臘思想帶入伊斯蘭世界的伊斯蘭學者之一。

公元801年-873年

大衛・休謨

　　蘇格蘭思想家大衛・休謨認為知識是通過經驗獲得的。如果我們以前從未吃過菠蘿，我們如何知道它是甚麼味道呢？他還質疑科學的可靠性，指出我們無法根據過去預測未來。

1711–1776

讓・雅克・盧梭

　　瑞士哲學家讓–雅克・盧梭十幾歲時逃到法國。他批評社會限制了個人自由，他認為人們應該能夠自由地選擇自己的法律。他的思想對法國大革命產生了重大影響。

1712–1778

約翰・洛克

　　英國哲學家約翰・洛克反對君主擁有上帝賦予的統治權的觀點，而是認為權力應該由民眾授予民選政府。他因革命思想兩次被迫流亡。

1632–1704

安妮・康威

　　儘管女性被禁止上大學，但是英國哲學家安妮・康威仍然寫信給她的導師劍橋大學教授亨利・莫爾討論笛卡爾的思想，進行哲學研究。她的著作在她去世後被匿名出版。

1631–1679

伊本・西拿

　　阿拉伯醫生伊本・西拿是醫學和天文學專家。他認為，心靈有別於身體，這是因為一個被剝奪了所有感官的人仍然可以思考。

約980–1037

托馬斯・阿奎納

　　意大利修士托馬斯・阿奎納是最著名的中世紀基督教哲學家，他致力於將古希臘思想家亞里士多德的著作與基督教的原則相協調。1323 年，他被教皇封為聖徒。

1225–1274

伊曼努爾·康德

　　這位德國思想家想了解人類知識是否是有限的。他得出的結論是，我們永遠無法真正地了解世界。當我們依靠感官向我們提供信息時，我們只能體驗到事物的表徵，而不是事物本身。

1724-1804

傑里米·邊沁

　　英國哲學家傑里米·邊沁童年的時候是神童，後來他創立了功利主義。這個理論認為政治決策的目標應該是為最多的人實現最大的幸福。

1748–1832

奧蘭普·德古熱

　　法國劇作家奧蘭普·德古熱是最早的女權主義者之一。她在法國大革命期間寫的著作主張女性應該享有平等權利，並且對新政府未能採取行動感到沮喪。她因直言不諱而被推上斷頭台處決。

1748–1793

勒內·笛卡爾

　　法國哲學家和科學家勒內·笛卡爾開創了一種新的哲學方法，他用數學家使用證據和邏輯分析計算問題的方法來分析哲學問題。

1596–1650

托馬斯·霍布斯

　　英國哲學家托馬斯·霍布斯相信人類天生是自私的，他描述了一種社會契約的必要性，在這種契約中，人們放棄個人自由以換取全權君主的保護。

1588–1679

尼可羅·馬基雅維利

　　意大利政治家尼可羅·馬基雅維利最著名的是他的著作《君主論》，他在其中為當權者提供了實用的建議。他認為，如果暴力或欺騙等卑鄙手段能夠幫助統治者實現目的，那麼這些手段是可以接受的。

1469–1527

弗朗西斯·培根

　　英國哲學家弗朗西斯·培根認為，只有通過觀察和實驗才能獲得科學知識。為了研究食品保鮮方法，他做了將雪填進雞肚內的實驗，但是不幸遭受風寒，死於肺炎。

1561–1626

瑪麗・沃斯通克拉夫特

作為早期女權主義的先驅，英國作家瑪麗・沃斯通克拉夫特認為，女性應該享有與男性相同的權利和接受教育的平等機會。她批評社會沒有給女性足夠的機會。

1759–1797

約翰・斯圖亞特・穆勒

英國思想家約翰・斯圖亞特・穆勒認為，人們應該能夠自由地做任何讓他們感到快樂的事情，只要他們不妨礙或傷害其他人的幸福。他為平等權利而戰，並且倡導女性教育。

1806–1873

西蒙・德・波伏娃

法國作家西蒙・德・波伏娃在她的《第二性》一書中批評社會壓迫女性，將她們視為不同於並且劣於男性的觀念。她要求改變這種觀念。在當時，她的著作展示了一種全新的思維方式。

1908–1986

讓・保羅・薩特

法國思想家讓・保羅・薩特認為，生命是混亂的、毫無意義的。在他的著作中，他認為不存在賦予人類生命目的的上帝，因此我們要自己尋找存在的理由。

1905–1980

阿恩・內斯

挪威哲學家阿恩・內斯對二十世紀的環保運動產生了重大影響。他敦促人們停止試圖控制自然，而是應該「像山一樣思考」，也就是將自己視為自然世界的一個平等部分。

1912–2009

彼得・辛格

動物權利的擁護者、澳洲教授彼得・辛格認為，動物應該得到平等的對待，這是因為它們就像人類一樣也會感受到疼痛。他認為，虐待動物是一種歧視。

1946–

卡爾·馬克思

卡爾·馬克思是德國的哲學家、思想家，發表了大量理論著作，其中最著名、影響最深遠的兩部作品為《共產黨宣言》和《資本論》。馬克思是以他的名字命名的馬克思主義的核心創始人。

1818–1883

杜波依斯

美國非裔思想家杜波依斯被許多人認為是一位偉大的社會領袖。他是一位實用主義者，他將自己的理念和著作應用於反對種族歧視和社會不平等。

1868–1963

卡爾·波普爾

出生於奧地利的思想家卡爾·波普爾認為，只有具有可證偽性的理論才是科學的，這是因為再多的證據都無法證明某個理論是正確的，總是存在着證明它是錯誤的新發現的可能性。

1902–1994

路德維希·維特根斯坦

出生於奧地利的哲學家路德維希·維特根斯坦是一個古怪的人，他在第一次世界大戰服役期間將自己的想法寫在筆記本上。他研究了語言的實用性，認為只有在人們就如何用文字達成一致意見時，文字才有意義。

1889–1951

貝爾·胡克斯

美國非裔教授貝爾·胡克斯在肯塔基州一個種族分裂的小鎮上長大。在她的著作中，她探討了不同類型的歧視，例如種族主義和階級主義，是如何相互重疊和強化，從而造成很多層次的不公正。

1952–2021

賈米拉·里貝羅

作為非裔女權主義的擁護者，巴西非裔哲學家賈米拉·里貝羅提請人們注意巴西非裔女性的處境。她揭露了不公平的社會結構使非裔女性因其膚色和性別而受到不公平的對待。

1980–

125

詞彙表 （以下詞義僅限於本書的內容範圍）

Afterlife 來世

死後的生活。不同的文化和宗教對來世有不同的信仰。

Argument 論證

在哲學中，根據一系列被稱為前提的陳述，得出另一個被稱為結論的陳述，這種推演被稱為論證。

Artificial intelligence (AI) 人工智能

由電腦系統展示的智能，用於執行通常需要人類智能才能執行的任務。

Assumption 假設

尚未被證明的論斷。

Behaviour 行為

個人或物件在某些環境中做出的一系列動作。

Belief 信仰

不需要證據就接受或相信某事是真的。

Bias 偏見

偏向一件事而不是另一件事的個人判斷，通常是不公平的。

Claim 宣稱

陳述或斷言某事是事實，通常不提供證據或證明。

Concept 概念

抽象的、普遍的想法。

Conclusion 結論

論證的最後部分，是基於論證前提的結果。

Conscience 良知

一個人的是非道德觀念，被認為可以指導行為。

Consciousness 意識

人們對自己的存在和對周圍世界的感受。

Consequence 結果、後果

結果是事物發展的後續影響或階段終結時的狀態。後果一般指有害的或不幸的結果。

Contemporary 當代的、同時代的

在當下存在或發生的；同時存在或發生的。

Contradiction 矛盾

兩個或多個陳述和想法之間的不一致。

Culture 文化

特定羣體或社會成員所共有的藝術、活動、思想、習俗和價值觀。

Daoism 道教

中國的一種哲學。道教信徒信仰與自然和諧相處的平衡生活。

Debate 辯論

兩個或多個觀點不同的人之間的討論。

Deceive 欺騙

故意誤導他人相信不真實的事情。

Deduction 演繹

從一個或多個前提出發，運用邏輯推演，得到結論的過程。另見歸納。

Determinism 決定論

認為所有事件，包括人類行為，都是先前的原因的結果；與自由意志觀點相反的觀點。

Dialogue 對話

兩個或更多人之間的談話，有時用於研究某個哲學論證的不同方面。

Doubt 懷疑

在哲學中，不願相信某事。例如，懷疑論者懷疑我們是否能確定任何事情。

Duty 義務

道德或法律上的任務或責任。

Empiricism 經驗主義

知識論的一種觀點，認為所有關於存在於心靈之外的事物的知識都是通過感官的經驗獲得的。

Equality 平等

每個個體或羣體都受到同樣的對待，特別是在法律權利、社會地位和薪酬方面。

Equity 公平

每個個體或羣體都得到成功所需要的資源，而不是受到同樣的對待，特別是在法律權利、社會地位和薪酬方面。

Excess 過量的

超過了合適數量的。

Existence 存在

活着或真實的狀態。

Experience 經驗

從做事、看到或感覺獲得的知識或智慧。

Fair 公平的

處理事情合情合理的，不偏袒某一方或某一個人。

Fallacy 謬誤

導致論證無效的推理錯誤。

Falsified 被證偽

被證明是錯誤的。

Free will 自由意志

不受外力限制的自主選擇權。

Freedom 自由

不受限制地思考、選擇和行動的能力。

Hypothesis 假設

根據有限的證據所做出的預測，是進一步研究的起點。

Ideal 理想的

達到完美、美麗或卓越的標準。

Identity 身份

一個人對自己是誰的意識，通常基於性別、外表和個性等特徵。

Illusion 錯覺

錯誤的想法或信念；對事物不正確的感覺或知覺。

Immortal 永生的

不死的。

Induction 歸納

用過去的例證通過推理得出關於未來的結論。另見演繹。

Intention 意圖

希望達到某種目的的打算。

Justification 理由

接受某事物的原因或依據。

Justified 有充分理由的

有很好的道理的。

Knowledge 知識

有充分理由相信的真信念。

Liberty 自由（權）

社會中人們被賦予的自由。

Logic 邏輯

用來判斷事物真假的推理；研究推理的哲學分支，包括如何構建論證和識別論證中的錯誤。

Morality 道德

用來判斷一個信念或行為是對還是錯的標準。

Nature 本性、本質

人或事物的基本特徵。

Observation 觀察

仔細看某物的行為。

Outcome 最後的結果

行為、動作或事件的最終結果。

Particle 粒子

物質的微小組成部分。

Perception 感知

通過感官意識到某事物（例如物體、生理感覺或事件）。

Philosophy 哲學

希臘語，字面意思是「智慧的愛」。哲學研究我們和我們的生活真相。

Physical 物質的

與可以通過感官感知的事物相關的，但不是心靈的。

Pleasure 快樂

滿足或高興的感覺。

Premise 前提

邏輯推理中所根據的已知判斷，也就是推理的根據。

Principles 原則

做事所遵循的根本準則。

Proof 證據

證明某事為真的事實依據。

Rational 理性的

基於清晰的推理過程的。

Rationalism 理性主義

認為我們可以不依賴於感官經驗，而是通過推理獲得關於世界的知識的觀點。

Reasoning 推理

以結構化和合乎邏輯的方式思考事情的過程。

Present 表達

用文字或圖像將某件事物反映出來的行為。

Rights 權利

在道德和法律上有權擁有的權力和利益，例如食物、住所和平等待遇。

Scepticism 懷疑論

否認或懷疑獲得知識的可能性的哲學觀點。

Scientific method 科學方法

科學家用實驗檢驗理論來發現新事實的方法。

Self-control 自我控制

控制自己的衝動和情緒的行為。

Sensation 感覺

身體感官的感知。

Society 社會

按照約定的規則在一起生活的一羣人。

Soul 靈魂、心靈

能夠感受和思考，我們認為是「我」的那部分。有些哲學家認為靈魂是獨立於身體的，並且是永遠存在的。

Statement 陳述

對或錯的語句或主張。

Substance 物質、實質

構成物體的材料。在哲學中，是可以不依賴於其他任何事物而存在的事物。

Theory 理論

從實踐中概括出來的關於自然界和社會的系統化的理性認識。

Thought experiment 思想實驗

讓哲學家充分探索觀念或理論的想象場景。

True 真的

根據事實或現實的；真實的、準確的。

Universal 普遍的

適用於所有人的，任何時候都適用的。

Virtual 虛擬的

以數碼形式表現的而不是在現實世界中存在的。

Virtue 美德

人的優良品質，例如勇氣或誠實。

Voluntary 自願的

自己願意的，而不是被迫的。

Zombie 僵屍

在哲學中，看起來像人但沒有意識的存在。

索引

二 劃

人工智能（AI）76, 111, 112

三 劃

大腦，42, 104-105, 106-107, 111
大衛・休謨 48, 54-55, 65, 122
大衛・查爾默斯 107, 108

四 劃

戈特弗里德・萊布尼茨 49
中文房間 111
中庸之道 73
公平性 88-89, 92-93
丹尼爾・丹尼特 112
巴門尼德 13, 121
巴魯克・斯賓諾莎 31, 79
孔子 91, 121

五 劃

未來 23, 24-25, 54-55
功能主義者 110, 111
平等 85, 86-87, 88-89
　公平 92-93
　社會中 90-91
卡爾・波普爾 56-57, 125
卡爾・馬克思 125
史蒂芬霍金 25
尼可羅・馬基雅維利 66, 67, 123
弗朗西斯・培根 54-55, 123
弗蘭克・傑克遜 50-51

六 劃

吉爾伯特・賴爾 106
扣除 116-117
托馬斯・阿奎納 122
托馬斯・霍布斯 14, 19, 90, 123
西蒙娜・德・波伏娃 26-27, 86, 124
存在 9, 10, 14-15
　自我 26-27, 39, 43
　苦難 32-33
　甚麼都沒有 12-13
　神 28-31
　過去與未來 24-25
存在主義 26
回憶 21, 22

七 劃

坎特伯雷的聖・安瑟倫 28
杜波依斯 125
忒修斯之船 18-19
伯特蘭・羅素 30-31
身心問題 106
身份 18, 20-21, 22-23, 104
佛教 32-33
希拉里・普特南 42-43
言論自由 82-83
亨利・柏格森 13
快樂 71, 74-75, 99
決定論者 79
改變 16-17, 18-19, 20-21

八 劃

芝諾 119
幸福 67, 70-73, 74-75, 76-77
亞里士多德 72-73, 120
　關於正確與錯誤的想法 65, 73
　關於存在的想法 11, 28
　關於知識的想法 47, 48
肯迪 121
帕斯卡賭注 29
知識 35, 38-39, 44-45
　科學 54-57
　信念 36-37, 52-53
　感官 42-43
　經驗 46-49, 50-51
物種歧視 99
享樂主義 71, 74
法律 79, 82, 90-91
　宗教 28-31, 32-33, 64
阿恩・內斯 101, 124

九 劃

柏拉圖 47, 120
　關於正確與錯誤的想法 64, 70, 72
　關於知識的想法 37, 46, 47, 48
　關於思想的想法 104
威拉德・范奧曼・奎因 115
威廉・佩利 29
威廉・詹姆斯 52-53
思想 103, 108-109, 114-115
　心靈 104-105, 106-107
　論點 116-119
　機器 110-113
迪奧蒂瑪 120
科學 54-57, 105
信念 36-37, 52-53
宗教 28-31, 32-33, 64
神 28-31, 53
約翰・杜威 53
約翰・洛克 81, 122
　關於身份的想法 21, 48, 90
約翰・斯圖亞特・穆勒 83, 124
　哲學思想 67, 74, 75
約翰・塞爾 113
約翰・羅爾斯 93

十 劃

泰勒斯 11, 120
素食主義 98
埃德蒙・蓋梯爾 37
真理 49, 52-53, 62-63
艾倫・圖靈 110
原則 63, 67
時光旅行 24-25
恩培多克勒 11
悖論 119

十一 劃

理性主義者 46, 47, 48
理想主義 14-15
責任 78-79
現實 14-15, 76-77
掛鉤、鈴 125
莊子 40-41, 120
勒內・笛卡爾 43, 123
　關於存在的想法 39, 48, 96
動物權 96-99
第歐根尼 70, 71
假設 54-55, 56-57
婦女選舉權 89

十二 劃

菲利帕・福特 68
惡 32-33, 43
斯多葛學派 71
虛無 12-13
無知 74, 93
智能 110, 111, 112
喬治・貝克萊 15
傑里米・邊沁 67, 123
痛苦 32-33, 71, 98-99
普魯塔克 18
結論 116-117

十三 劃

賈米拉・里貝羅 125
感官 40-41, 42-43, 48
電車難題 68-69
電腦 42-43, 110-113
零 13
路德維希・費爾巴哈 31
路德維希・維特根斯坦 17, 109, 114-115, 125
過去 24-25, 54-55
奧古斯丁 33
奧爾多・利奧波德 100
奧蘭普・德古熱 123
道教 41
塞繆爾・約翰遜 15
經驗 47-49, 50-51, 76-77
經驗主義者 46, 48

十四 劃

瑪莉的房間 50-51
瑪麗・沃斯通克拉夫特 89, 124
遠端傳輸悖論 22-23
慈善 94-95
赫拉克利特 17
夢 40-41, 111
歌手彼得 94-95, 98-99, 124
對錯 59, 60-61, 62-63, 68-69
　好的和壞的行為 64-65, 66-67
　幸福感 70-73, 74-75, 76-77
語言 109, 114-115
實用主義者 52
複製 22-23

十五 劃

撒謊 62-63
質疑知識 38-39, 43, 44-45
德里克・帕菲特 22-23
德謨克里特斯 10-11, 120

十六 劃

論點 116-119
憤世嫉俗者 70
審查制度 83

十六 劃

機械人 110-113
機器（機械人）110-113
頭腦 15, 104-105, 106-107, 108
學習 46-49, 50-51, 53, 113
舉證責任 30-31

十七 劃

環境 99, 100-101

十八 劃

歸納 54-56, 117
謬論 117, 118-119

十九 劃

羅伯特・諾齊克 12, 76-77, 107
懷疑論者 39

二十 劃

蘇格拉底 38, 46, 70-71, 121
釋迦牟尼佛 33, 121

二十二 劃

權力 90-91

二十三 劃

體驗機 76-77

二十四 劃

靈魂 20, 104
讓・保羅・薩特 27, 78, 124
讓・雅克・盧梭 91, 122

自由 27, 67

　自由意志 33, 78-79, 80-81
　言論自由 82-83
伊本・西拿 106, 122
伊曼努爾・康德 48, 49, 63, 123
伊曼努爾・列維納斯 87
伊壁鳩魯 71
行為主義者 105
宇宙 11, 14, 28
安妮・康威 122
好的與壞的行為 33, 60, 64-65, 66

致 謝

DK would like to thank the following people for their assistance in the preparation of this book:

Additional illustrations: Clarisse Hassan; additional text contributions: Zaina Budaly, Marcus Weeks, and Amanda Wyatt;
picture research: Niharika Chauhan;
Senior Jackets Designer: Suhita Dharamjit;
Production Editor: Gillian Reid; proofreading: Victoria Pyke; index: Elizabeth Wise.

The publisher would like to thank the following for their kind permission to reproduce their photographs:

(Key: a-above; b-below/bottom; c-centre; f-far; l-left; r-right; t-top)

10 123RF.com: ssilver (cb). **22 Alamy Stock Photo:** Kay Hawkins (br). **33 Getty Images / iStock:** Adam Smigielski (tc). **57 Shutterstock.com:** FotoRequest (cla). **77 Dreamstime.com:** Aaron Amat (cr). **79 Shutterstock.com:** Gorodenkoff (tr). **87 Alamy Stock Photo:** DEA / A. VERGANI (cr). **95 Shutterstock.com:** Riccardo Mayer (br). **98 Shutterstock.com:** TFoxFoto (cr). **105 Alamy Stock Photo:** Image Source / Callista Images (br). **113 Dreamstime.com:** Toxawww (br). **114 Getty Images / iStock:** Stefanie Keller (cra)

All other images © Dorling Kindersley
For further information, see: www.dkimages.com